真想种一种！

美丽的
多肉植物

〔日〕胜地末子　监修

妙聆妈妈　译

河南科学技术出版社

· 郑州 ·

序 言

多肉植物的形态各种各样，柱状、球状、树状、花苞状等，没有什么固定标准。有的品种呈现出几何图形的模样，有的品种像可爱的装饰品，还有的品种拥有从一般花草中看不到的姿态和颜色。

一方面发挥多肉植物在姿态与色彩方面多样性的优势，另一方面搭配考究的花盆类器具，这就是栽培多肉植物的乐趣吧。它们作为室内装饰的一部分，或者是院子及阳台的装饰品，能大大地美化居住空间。

本书中除了介绍多肉植物培育和繁殖的基本方法，以及一些受欢迎的多肉植物品种的基本知识以外，还展示了现在颇受欢迎的用一般花草所无法做成的个性化拼盘。

根据您的喜好、培育场所及环境因素，对于该如何选择品种及欣赏，本书一定能给您提供诸多参考。

胜地末子

从"惠泉花之校"毕业，在普通企业工作一段时间后，在东京自由之丘开了名为"铁皮喷壶"的花店。除卖多肉植物以外，还亲自去做一些多肉拼盘、插花、庭院设计等。另外还在很多学校及活动中任讲师。常在《NHK趣味园艺》等杂志上发表作品。

目录

I 多肉植物的花样栽培

多肉植物，可以让我们欣赏到其他花草树木所无法实现的各种栽种方法，这一点有着巨大的魅力。在这里，我们要为大家介绍 13 件多肉拼盘作品。

大胆使用大型铁艺花器

这件作品用的是外观厚重、外形较大、装饰性较强的铁艺花器。实际上这种花器很重，放在院子里，本身就是光彩夺目的焦点。

为了与花器的特点相配，我们来挑战一下由各种大型品种的多肉植物所拼成的看起来动感十足的多肉拼盘。

虽然都是绿色，但不同品种的色调各不相同，再掺入紫色和粉色，整体显得华美动人。

在整体动感十足的植物丛中，种在最里面的那株花月锦的叶子则给人一种柔和的印象。

花器的厚重和多肉拼盘的动感相映生辉，充满意趣。

❶仙女之舞 ❷七福神 ❸巴比伦
❹金辉 ❺地衣大戟 ❻初恋 ❼花月锦

用景天属多肉制作而成的花环

日常生活中，我们可以用各种植物来制作花环，这件作品用景天属植物作为基础，围绕着花环架整体卷起来后，点缀上几株多肉植物。

我们使用几种景天属植物，通过不同颜色和层次来演绎出华丽的气氛。等它们整体再稍微成长一点后，就会把花环架全部遮盖起来了。

下部比较醒目的是秋丽的叶子。那稍微有些长过头的茎部前端的叶子，微微染红，甚是惹人怜爱。

花环上部植入了小玫瑰球，如它的名字一般，那深红的色调尤其绚丽。

花环架内圈直径 33 厘米，外圈直径 40 厘米。我们试着把它挂到铁栅栏上看看。

右侧，最吸引眼球的是月兔耳。它的叶子本身就很可爱，而在花环整体中那么大的一株，看起来十分华丽。

❶ 小玫瑰球　**❷** 虹之玉锦　**❸** 薄雪万年草
❹ 月兔耳　**❺** 丸叶万年草　**❻** 秋丽
❼ 银河　**❽** 姬星美人

使用一字摆开的鸟食槽

利用旧的铁皮制鸟食槽作为花器，长约1.5米。我们利用它来进行纵向栽培，让各种植物可充分展示自我，来一场精彩的表演。

作为花器使用的旧鸟食槽，铁皮的质感和多肉植物搭配十分协调。

高挑的，有着可爱叶片的红辉殿。在它的根基处种满景天属植物和红稚莲。

尽情生长的不死鸟锦，外形看上去像高高的棕榈树，如果巧妙利用，就可以做出有趣的观展效果。

相对于横长的花器，高高的不死鸟锦的枝茎向上生长，调和了整体的平衡感。

❶仙女之舞
❷不死鸟锦　❸霜之朝　❹秋丽
❺舞乙女
❻姬胧月
❼鲁本
❽红稚莲　❾景天属植物
❿青蟹寿　⓫暗色玫瑰莲
⓬银之太古　⓭红辉殿

像鲜花一样的捧花

多肉植物是一类外形漂亮的植物，因为其装饰性很强，所以被誉为"装饰用植物"。这件作品有鲜花的视觉效果，是利用 10 种以上的多肉植物制作而成的。这种制作是十分费功夫的，但是可以表现出多肉植物所特有的细腻与华丽。

向下伸展的植株是姬胧月和玉缀等。故意让枝茎自由生长，制造出捧花的动感。

栽种得十分精细。使用的多肉植物种类超过 10 种，颜色和形状也都各不相同。

❶雪锦星　❷神童　❸高砂之翁（缀化）　❹姬胧月
❺玉缀　❻虹之玉锦　❼雨心　❽白银之舞
❾黑法师　❿舞乙女　⓫不死鸟锦　⓬花司

装饰在旧铁艺长椅上的手捧花。
雪锦星、虹之玉锦和花司等都栽在中心部位，给人很饱满的感觉。

砖地上的铁艺花器

在花园的角落，有一处用砖头铺设的地面，放着一个细长的旧铁艺花器。花器里种的是蓝月亮和白牡丹，展示着它们自由浪漫的花姿。

而花器的脚下种着景天属和大戟属的植物，作为背景而种植的常绿大戟，也是作品设计的一部分。体现的不是井然有序，而是一场关于衰败的凄美演出。

故意让枝茎随意生长，可以感受到
自由奔放的愉悦。

蓝月亮的植株大小不
一，使得作品整体不
显得单调。

花器脚下的砖地上，长满了卧地延命草，
为呈现衰败的凄美气氛起到了重要的作
用。

不仅仅是花器中的植物，砖
头与背景植物也都是作品设
计的一部分。

❶ 蓝月亮
❷ 常绿大戟
❸ 地衣大戟
❹ 白牡丹
❺ 蓝松
❻ 胧月
❼ 月兔耳
❽ 舞乙女
❾ 姬胧月
❿ 天使之泪
⓫ 黛比
⓬ 虹之玉锦
⓭ 卧地延命草

挂在墙上的铁艺花篮

　　制造把多肉植物关在笼子里、从外部来观赏的感觉。这种挂在墙上的铁篮，是工厂或垃圾处理场在搬运货物时使用过的废旧品。里面的多肉植物，有的枝茎长得很长，有的叶子被染红，有的叶子低垂，形状各异。

照片中央的红稚莲，枝茎向上生长，控制着全体的感觉。周围的枝茎仿佛在支撑着它一样，也长得很长。

左端的毛莲在自由生长着，好像在坚持着自己的主张。色调甚美。

因为花篮较高，上部也有空间，所以枝茎可以不受拘束地垂直向上生长。花篮的编网，营造出如生锈了的铁栅栏般的效果。

稍微离远一点看的话，就像把热闹的热带丛林关到了笼子里一样，给人一种难以置信的印象。

❶星王子　❷红稚莲　❸雪锦星　❹青蟹寿
❺毛莲

种得不是很密，留出适当的空间，来呈现多肉植物那与众不同的造型。

巧用铁门做一番展示

多肉植物经常会被用于店头展示，此作品也是其中一例。铁门内侧放了一个大型陶制花盆。霜之鹤那偌大的鲜绿色花序特别吸引眼球，上部陪衬的是不死鸟锦，营造出一种不可思议的气氛。

霜之鹤的颜色为鲜绿色，在宁静的气氛中显得更加有魅力。

右侧发光的是带灯泡的花环。把树枝伸向空中的是不死鸟锦。

霜之鹤种在看似铁器的陶制的花器里，更突出地渲染了复古的意境。右下方的陶制花盆里栽的是带刺儿的亚森丹斯树。

❶不死鸟锦
❷霜之鹤
❸亚森丹斯树

使用吊灯栽培来装点空间

多肉植物也可以作为室内装饰来欣赏。在这里使用吊灯是为了让枝条伸向空中，制造飞扬而起的视觉效果。选择姬胧月、胧月等枝茎线条比较生动的种类来体现出飞扬的效果，可以大大提高其装饰性。卧地延命草如珠帘一般的垂下来，又使整体平衡得到了调整。

在中央上部，有一棵淡紫色的胧月光彩动人，和下方深紫色的秋丽相呼应，使此作品看起来非常饱满。

从吊灯的臂挂处垂下的是珠帘的替代品——卧地延命草，充分展现了"草"的姿态和个性。

吊灯的直径约 60 厘米。这些生长着的多肉植物，看起来也是此装饰品的一部分。

❶胧月
❷秋丽
❸卧地延命草
❹姬胧月

仿佛在与吊灯缠绵，又仿佛要飞扬而起，各种各样的多肉植物的枝条都在飞，看起来生动有趣。

用小鸟戏水盆装饰拟石莲花属的多肉

这里用了一些种了四五年的植株。利用放置在庭院中间的小鸟戏水台，把这些看起来像玫瑰一样华丽的拟石莲花属的多肉植物们栽种在其中，和戏水盆融合为一个整体。

长长的枝条伸向盆外，给人自然和谐的感觉。两只雕刻的小鸟，在拟石莲花属植物之间若隐若现。

❶芙蓉雪莲
❷野玫瑰之精
❸静夜
❹丽娜莲

芙蓉雪莲在各种姿态相似的植物的中央，使得此多肉拼盘有了整体统一的感觉。

用旧花篮做简约的装饰

　　法式的旧篮子，以前是放什么小东西的吧。这次我们只选择栽种冬美人这一个品种，那些可爱的叶子从间隔中探出。整体感觉很简约。花篮上的那些铁锈，看起来很自然，烘托着叶片的簇簇绿色。

高约 15 厘米、底部直径约 11 厘米的复古铁艺花篮。那些小小的叶片使得铁艺花篮更显可爱。

❶冬美人

使用的多肉植物只有冬美人这一种。这种简约风格与旧花篮的古朴搭配在一起，十分协调。

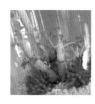

让玻璃瓶萌起来

不使用过多品种，只栽入枝茎线条以及叶子都很可爱的七宝树，以及底部那个性十足的滇石莲。因为玻璃瓶里比较闷热，所以夏季打开盖子，注意换气。

枝茎形状以及叶子颜色都很独特的七宝树，就算是植株较少也不会觉得很冷清。底部栽的是滇石莲。

底部直径10厘米、高约30厘米的玻璃瓶，只要注意通风，也可以成为花器。

❶七宝树
❷滇石莲

运用不同色彩来编个花环

制作花环的难度稍高，但是作为室内装饰是很值得推荐的。搜集到虹之玉锦、白牡丹等花序小而色彩丰富的植株，就能轻松完成。

正因为是多肉植物，才会有如此微妙的色调。以白牡丹为中心，整体上的那种可爱被体现得淋漓尽致。

❶虹之玉锦　❷白银之舞　❸白牡丹

把多肉植物制作的花环放到木头支柱上，然后立在铁皮喷壶里，楚楚动人。

用嫩芽搭一个冰激凌

把多肉植物种到花泥上，使其形成冰激凌状的外形。同时搜集这么多大小一样的嫩芽很不容易，可以通过叶插的方式大量繁殖，这样就可以轻松做到了。

1 银河
2 姬胧月
3 星美人
4 红稚莲
5 棒叶落地生根
6 白牡丹
7 蔓莲
8 黄丽
9 月兔耳

把9种多肉小嫩芽，呈斜卷状，密密实实地种到花泥里。

多肉养护有哪些秘诀和误区？扫码进入多肉同好圈，和肉友们晒图比拼，互相取经，事半功倍地养出高颜值、超人气"小鲜肉"。

II 更好地栽培多肉植物

人们往往认为多肉植物是比较容易栽培的，但是为了能使其长得更加美丽，掌握一些基础知识就显得极为重要。在这里，我们除了介绍基本的栽培方法以外，还要和大家介绍移栽和繁殖的方法，以及栽培时所使用的一些便利工具。

多肉植物是什么样的植物？

特征是叶厚茎粗

我们所说的多肉植物，是一种为适应沙漠地带及缺少草木的荒地，或者是分干湿两季的地域较干旱的环境，而在叶、茎、根等部位具有贮藏水分组织的植物。这种植物茎叶肥厚，像是有很多"肉"，被称为多肉植物。

多肉植物不是指特定的种类，它是跨了很多科属的。从科的分类来看，有萝藦科、鸭跖草科、番杏科、景天科等几十个科，在各个分科里面又有若干的属。

在番杏科中有肉锥花属、生石花属等，大戟科中有大戟属、麻风树属等，景天科中有莲花掌属、拟石莲花属、伽蓝菜属、青锁龙属、银波锦属、景天属、厚叶草属等，百合科中有芦荟属、十二卷属等，然后在各个属里面还分不同的品种。

多肉植物，据说仅仅是在原产地自然生长的原始种就有1万多种，还有很多通过人工杂交培育的园艺改良品种。如果把原始种和园艺改良品种加起来，那将是一个很可观的数字。

比方说"舞会红裙"这个有着优雅名字的多肉植物，通常被列为拟石莲花属的一员，而实际上它是景天科拟石莲花属的改良品种。而"锦乙女"则是景天科青锁龙属的原种。

近年来，多肉植物作为园艺植物深受欢迎。一些被大量繁殖、价格便宜且容易买到的品种多了起来，相反，一些品种因为现在不流行几乎看不到了。

左图的大戟属的刺根部没有刺座。下图的仙人掌的刺根部有白色绵状刺座。

仙人掌科也是多肉植物中的一个科。耐旱，"多肉"的部分能贮藏水分。

这个是多肉植物十二卷属的黑蜥蜴。叶子带刺、肉厚的特征和仙人掌相同。

仙人掌和其他多肉植物的不同

从为贮藏水分而拥有厚叶粗茎的角度来看，仙人掌也属于多肉植物。仙人掌是属于仙人掌科的植物的总称。仙人掌科和番杏科或者景天科一样，是多肉植物里面的一个科，同样，在科里还有许多的属。

仙人掌科的属特别多，自古以来就是人们熟知的园艺植物，所以一般说来，仙人掌与其他多肉植物常被区别对待。在本书中所谓多肉植物，大多是指仙人掌以外的多肉植物。

仙人掌科的植物带刺是其最大的特征，不过仙人掌以外的多肉植物也有带刺的品种。比如萝藦科的剑龙角属以及大戟科中大戟属的植物，像仙人掌那样长了很多刺的品种很多。如果不是很了解的话，会误认为这些也是仙人掌科的成员。另外，龙舌兰科龙舌兰属和百合科芦荟属的植物，叶缘也都有刺。

但是，细心观察会发现，仙人掌科植物的刺根部会有细细的绵毛，这些绵毛被称为刺座。因此，如果看到带刺的多肉植物，究竟是仙人掌，还是其他的多肉植物，看一看有没有刺座大概就可以区分了。

多肉植物的主要原生地

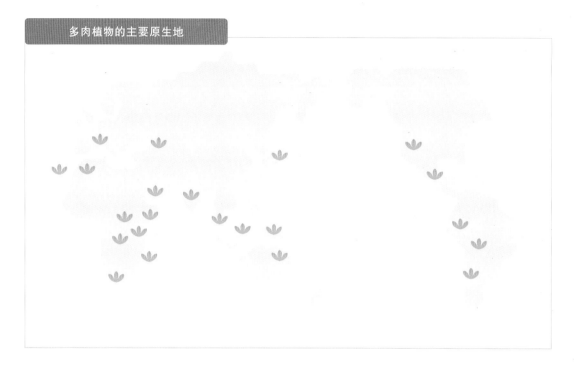

多肉植物的原生地

无论多肉植物还是仙人掌，主要原生地都是在干燥地带。其中仙人掌的原生地是美洲，并且它是这一区域分布最为广泛的一个科。

多肉植物在美洲、非洲、欧洲的山岳地区、大洋洲，以及南亚、东南亚、中亚、东亚也都有分布，可以说，多肉植物的原生地是在世界各地。

换言之，在世界各地，只要是干旱的环境，植物为了在干旱中存活，就演变成了多肉的姿态。多肉植物的原生地不一定是在高温的热带，白天气温很高、夜晚又变得十分寒冷的沙漠地带，以及冬天降雪的地域也会成为一些品种的原生地。

瓦松属的富士原产于日本。 叶片边缘是一圈白色花纹，非常漂亮，自古以来就深受园艺爱好者的喜爱。

一些多肉品种经过远距离的移植和杂交，呈现出与众不同的姿态，相比原种而言，外形更华丽或更新奇。

多肉植物各种各样的姿态

和仙人掌的千姿百态一样，多肉植物也是形态各异，给人的印象也是无法轻易解释清楚的，不过能大致归为几个类别。

（a）叶片像花瓣一样重叠着，呈放射状伸展，单独长大的类型，比如龙舌兰属、芦荟属、拟石莲花属、长生草属、十二卷属等。（b）枝茎伸长，茎端生长着叶片的类型，如莲花掌属等。（c）生长着许多小叶子的类型，如天锦章属、青锁龙属、风车草属、景天属、千里光属、厚叶草属等。（d）全体长刺，与仙人掌相似的类型，如剑龙角属、大戟科等。（e）小型的球状叶，群生的类型，如肉锥花属、生石花属等。（f）大型球状的类型，如鲨鱼掌属、帝玉属等。

除此之外，还有枝茎为罐状的品种及根系为肿块状的品种，姿态各异。这样的分法也只是一个粗略的分法，也有外形上不符合上述任何类别的，也有的即使同属形态也完全不像。

各种类型中都会有能开出漂亮花朵的品种。

多肉植物品种繁多，姿态各异，搜集起来十分有趣。

选择适合的放置场所

根据原产地的环境，放置场所至少应具备以下条件

　　多肉植物自然生长的场所湿度低，较干旱，土地不肥沃，但是排水很好；太阳光充足，日照时间长；白天和夜晚的温差大。这些为共同的环境特征。

　　根据这些我们来考虑多肉植物的放置场所。首先，湿度高的地方必须避免，尽可能选择通风好的地方。放在湿度高的地方置之不理的话，容易造成根部腐烂。

　　其次，尽可能长时间放在太阳光充足的地方。日照不好的地方，或日照时间短的地方，枝茎会徒长，叶子会向后弯或者叶子颜色变得不好看。

在室外放置时的注意事项

　　如果是楼房的话，一般都放置在阳台上。首先要注意的是，要放在雨水淋不到的地方。屋檐下靠里面的地方应该是没问题的。可是如果强风能把雨水吹进来，比如多雨时节或偶尔的雷雨天气，为了防止淋雨，有必要搬回室内。

　　另外，放在屋檐下靠里面的地方的话，日照有可能不够充足。如果这样，就需要把花盆移动到日照好的地方。

　　夏季高温时也需要多加注意。如果是通风不好的地方，那里可能会有意想不到的高温。周围是白色墙壁的话，那么阳光反射也会造成影响。夏季，有必要用寒冷纱（用来遮光的园艺用布）来遮一下光。

在室外放置时，选择通风好、湿气小、下雨淋不到的地方。为了排水更好，避免直接放在地面上。

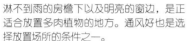

淋不到雨的房檐下以及明亮的窗边，是正适合放置多肉植物的地方。通风好也是选择放置场所的条件之一。

为利于排水，避免把花盆直接放在地面上。直接放置的话，阵雨时泥土可能会溅出来，而且通风也不好。

另外，放在水泥路、石板路和柏油路上的话，盛夏时节的高温天，地面会变得比预想的要热得多，所以要多加注意。

由此看来，花盆还是放在花台上比较好。精美考究的花台，作为装饰也是很好的。放在花台上的话，夏季便于铺设寒冷纱遮光，冬季便于铺设保温薄膜防寒。

直接在地面种植的话，如果排水及日照的条件不是特别好的话，种植会比较困难。

在室内放置时的注意事项

如果日照充足的话，也可以放在室内种植。不过，即使看起来很明亮的地方，对于多肉植物来说也有可能日照不够充足，所以经常拿到室外去晒晒太阳是很重要的。

如果枝茎徒长了的话，那就是日照不足。要选择每天至少有4小时日照的地方。

如果平时日照很少的多肉植物，突然被猛烈的日光照射，容易形成叶灼伤。所以已经徒长了的多肉植物，要逐渐增加日照时间。

在玄关、厨房、洗手间等处，放在小盆中的多肉植物，会成为很好的室内装饰，只是这些地方多为日照不足、通风不好、湿气大的场所，所以需要注意。

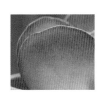

搜集漂亮的花器

选择适合多肉植物的花器

造成多肉植物根部腐烂的主要原因，就是环境过于湿润，但是如果注意排水及透气性的话，各种花器都能用来栽培多肉植物。

素烧盆易碎，这是弱点，但是因为没有被土吸收的多余水分会浸入花盆，然后从侧面蒸发掉，所以比较适合多肉植物。

颜色是深茶色，上部涂釉有光泽的那种花盆，透气性比素烧盆差一些。

用花器来体现装饰效果

现在流行一种被称为"意大利红陶"的素烧花器。园艺商店中，有很多意大利风的设计雅致的红陶素烧花器，形状为圆形、角形、罐子形等，各种各样。不仅仅是放置用，还有吊起来的，以及挂在栅栏或者是门上的。

照片中的铁艺花篮里种着星王子和红稚莲，挂在墙上作为装饰。这只铁艺花篮本来是在工厂或垃圾场里做搬运时用的筐。一眼看去像是不可能成为花器的东西，稍下点功夫，也许就可以成为别致的花器。

所有用来种植的容器都称为花器。如果注意排水和透气性，以及浇水方法的话，玻璃或金属制的东西也可以用作花器。

用圆形花盆时，根据口径大小标明号码。比如说口径是3厘米的为1号，9厘米的为3号，12厘米的为4号。

把大型花器直接放在地面上时，为了不堵住底孔，需要加个支架，要想办法让它和地面之间有一点空隙。

除了这些烧制的花器以外，还有木箱、铁篮、切开的木桶、椰子壳编织的容器等，各式各样的。

还有，铁皮或铁制的罐子、水壶、铁皮喷壶等也可以成为很别致的花器。底部用钉子打个孔让排水通畅。透气性不好，所以要注意控制浇水量。另外铁皮花器夏天暴晒后会变得很烫，使用时要多加小心。

花器的大小和深度

使用的花器应该是在植物周边至少能空出2～3厘米那样的大小。

根据大小，再用心选择花器的深度。莲花掌属、拟石莲花属、景天属等，许多多肉植物因为根系为须根系，所以可以种在较浅的花器中。

而千里光属、生石花属等是根部又粗又直的直根系品种，所以必须选择深的花器。

另外，像景天属的新玉缀、千里光属的情人泪、吊灯花属的爱之蔓等下垂的品种，可以选择高一点的花器，也可以选择挂在墙壁上或者是吊起来的花器，那样可以展现出它们独特的魅力。

准备种植用工具

方便又漂亮的工具

喷壶　从形状上来说，如果喷壶前端的莲蓬头能取下来的话会比较便利。另外，壶嘴处比较细的话，能从植物和花盆的缝隙之间注入水。在阳台使用的时候，如果太大了会不容易转换方向，所以选择小一点的比较好。

土铲　种植或移栽时的必需品。

剪刀　如果想充分享受园艺乐趣的话，备上两把大园艺剪刀和修剪根部用的小剪刀会比较便利。即使是多肉植物，修剪粗的枝茎时，也需要使用结实的园艺剪刀。

镊子　大小型号都有的话会比较便利。在除去腐烂的叶子以及根系时使用。

裁纸刀　在要繁殖时，剪取叶子或者枝茎时使用。

桶铲　栽种或者是移栽时，要把土倒入植物和花盆中间的缝隙时使用。形状为斜切的桶状。大小尺寸都有的话会比较便利。

筛网　对于多肉植物用土来说，良好的排水性和透气性十分重要。即使是市场出售的培养土，如果用筛子除去细土的话，排水性也会变得更好。

底垫网　垫在花盆底的排水孔上。不仅能防止土壤流出，还能起到防止害虫从底部侵入的作用。

园艺店里，不仅各种工具齐全，还有各种各样的花器。而且，如果是时尚漂亮的店，一些多肉拼盘的设计和装饰方法，也能给自己一些启示。

原则上说，用来栽培多肉植物的工具与通常的园艺用品是一样的，不仅使用方便，而且漂亮可爱。

❶手套 ❷盆托 ❸喷壶&喷雾壶 ❹底垫网 ❺桶铲 ❻园艺剪刀 ❼土铲 ❽园艺起苗器 ❾毛笔（刷尘土用）❿镊子

　　盆托　因为浇水时要一次浇透，所以如果在室内的话需要使用盆托。

　　手套　皮制的，或者是表面有橡胶涂层的工作手套都比较防滑，在搬运重花器或者是处理带刺的植物时十分方便。另外，塑料园艺手套也可以。

　　工作用托盘　准备一个 60 厘米见方的大托盘。可以把花器里的土全倒在里面，或者是用来暂时摆放从土里取出的植物。即使在阳台使用，也可以不把周围弄脏，十分便利。

　　喷雾壶　给叶插之后冒出的嫩芽喷水，或者给植物喷洒药剂时使用。

　　竹签　不是园艺专用工具，可用来插到土里确认土壤湿度。

在栽培若干种多肉植物时，不同品种的生长情况也不同，所以应该把这些基本工具都准备齐全。

适合多肉植物的用土和肥料

选用多肉植物专用培养土

大部分多肉植物都产于干旱地带，在缺少水分的地方生长，所以，栽培时土壤的排水性和透气性十分重要。

普通庭院或者是田地里的土，因为颗粒较细，排水和透气性都不好，不适合种植多肉植物。一般花草或者蔬菜用土的配制，主要目的是让植物长得更大，也不一定适合多肉植物。

一般情况下，使用市场上出售的多肉植物专用培养土比较适宜。这种培养土是由被称为团粒的颗粒土配制而成，不易被水冲散的颗粒之间有适当的空隙，保证了良好的排水性和透气性。

在花器里种植多肉植物拼盘时，使用适合大多数多肉植物的专用培养土，这样会减少失败。另外不要忘记把底土放进去。

肉植物，如果肥料过多就难以形成红叶。

一般情况下，施肥主要分基肥和追肥。多肉植物在植入以及移栽时，把基肥混合到用土里，或者是放在花盆底的话，就足够了。基肥主要使用腐叶土和鸡粪。如果培养土里已经含有适度的肥料，则不需要另外添加。换言之，多肉植物在生长期是没有必要追肥的。

有的人会自己配制适合多肉植物生长的土，不过市场上出售的多肉植物以及仙人掌专用培养土用起来比较方便。

另外，如果想知道土的排水状态如何，可以在浇水时观察判断，如果盆里的水从底孔处一气冲出的话，那么说明土的排水性良好。

为了让排水性更好，有时会在盆底放入大粒的底土。使用大型花器或土不易干燥的花器时，应该多放一点这样的土进去。

多肉植物专用土里面含有防止根腐烂的药剂，发觉根腐烂时，可以将植株移栽进多肉植物专用土中。3号以下的小盆没有必要使用这种土。

不太需要肥料

多肉植物不像一般花草及蔬菜那样，需要连续不断地生长。它们在原生地也是生长在缺少养分的土壤里，所以不太需要肥料。

另外，多肉不需要每天浇水，因此如果施肥的话养分可能会被浓缩，一部分有红叶的多

购买注意事项和处置方法

避免选择缺乏日照的植株

选购多肉植物时，首先应选择粗且矮的植株。如果日照不足，上下叶片之间（节间）的枝茎生长过快（徒长），叶基部（叶柄）也会过度生长。发现只有叶端部分变小的情况时，可能整体已经不够健康了。仔细看看下部的叶子，如果有枯萎的或者不健康的，就不要买了。

将植株倒置，选择叶片未完全展开的植株。如果是叶缘有褶边的品种而褶皱较少的，本应鲜艳的品种却像褪了色一样的，也不能选择。

在叶子和株茎的中心部分有个生长点，植物从那里生长，这是个很重要的部位，如果这里泛白，说明缺乏日照。选择枝茎向上生长的品种时，不要选择细挑的、摇摇晃晃的。

霜之朝的叶端应该有隐隐的粉红色。如果商品不带这点粉红色，就请谨慎购买。

最近出现了很多出售各种多肉植物的园艺店，慢慢挑选自己喜欢的商品是很享受的事情。

选购及护理的注意事项

选购多肉植物，要选择合适的购买时期。

多肉植物，根据原生地不同，有在温暖时期生长的"夏型种"和在寒冷时期生长的"冬型种"（参照 P43）。

"夏型种"最好在春天到初夏时期购买，"冬型种"最好在秋天购买，在生长期到来之前入手比较合适。

酷热的盛夏，是最不适合购买多肉植物的季节。不过夏型种中也有能欣赏红叶（颜色的变化）的品种，这种情况下，秋天买来欣赏也是不错的。

实际上，购买之后的处理也很重要。

市场上出售的大部分植物都是种在塑料花盆里，还有一些是种在树脂花盆里，然后再放进塑料花盆里的。花盆是双重的，即使给水也不会顺利排出，这样的话很容易伤到根系。买回后一定要移栽。另外，因为搬运的关系，有时盆里的土会很少，那么我们就要添加用土，给予它们良好的生长环境。

购买之后，先从买来的花盆里拔出植物，检查根系的状况。检查是否有害虫，根部有没有腐烂，长长的细根有没有缠根等。如果有了以上情况，选择切根，或者是做与移栽时相同的处理（参照 P46）。

如果购买了日照不足的植物，马上放到日照强烈的地方就很容易引起叶片灼伤，所以先放在半阴凉处，不要浇水，花几天时间逐渐移到朝阳的地方。

浇水方法和不同季节的护理

正确的浇水方法

多肉植物，因为叶子和枝茎有积蓄水分的特殊功能，有抵抗干旱的特性，所以就算偶尔忘记浇水，也不会轻易干枯。相反，如果浇水太多的话很容易烂根。

正确的浇水方法应该是，浇的时候一定要浇透，土表以下三分之一盆土高处如果没有完全干透，不要浇水。如果多肉植物正处于休眠期的话，也要控制浇水。

当花器的土表以下三分之一盆土高处完全干透后，夏天选择傍晚，其余季节选择上午，浇到水能哗地从底孔中流出来的程度。一般情况是从植物的上部浇水，但是拟石莲花属和芦荟属等叶形呈莲座状（放射状）排列的植物，如果中心部积水，会造成腐烂。夏季，水滴也许会像放大镜一样灼伤叶面。所以，浇水后要想办法把水滴吹掉。

盆底没有孔的花器，可以在浇水之后倾斜着把多余的水倒出，然后放到干燥处。如果使用彩沙小花盆，可以把花盆整体放到水里，等气泡全部消失时再取出，倾斜着倒出多余水分。

如果不给多肉植物浇水的话，它会越来越蔫并且出现干纹，不过这种状态不浇水的话，

可以控制生长。有时为了让植物变小，也会故意这么做。

对于盆中土的干燥程度，在积累一定栽培经验之后，看看土表层，或者是比较浇水前后的重量就可以明白。而用竹签插到土里，经常拔出来看看湿度，也是一种办法。这种方法在土表用化妆沙固定时也很适用。拔起竹签，若土表以下三分之一盆土高处干透了，但下面还略湿，这就是该浇水的时机了。如果是须根系的植物，最好在根的末梢完全干燥之前浇水。

放在室外的话，如果第二天要下雨，那么在连续的晴天到来之前要控制浇水。

到了冬季，可以把耐寒性比较差的魅惑彩虹放到室内，上午少浇一点水。

土表以下三分之一盆土高处完全干透时，就可以浇水了，要浇到从底孔里流出水为止。

多雨季或连阴天，尽可能多晒太阳少浇水。

与季节相对应的浇水方法

多肉植物积蓄水分的时期是原生地的雨季。然后到了雨量少，或者完全不下雨的旱季，一点点地消耗掉积蓄的水分，一边休眠一边控制生长。原生地不同，生长的周期也不同，因此多肉植物移植后，应该让其根据当地季节特征来生长和休眠。

春天到秋天期间生长，到了冬天休眠的种类，被称为"夏型种"，许多多肉植物都属于这个类型。

相反，秋天到冬天期间生长的是冬型种。包括番杏科的肉锥花属、状卵玉属、生石花属等。

在这里，分别介绍夏型种和冬型种的浇水方法，但是，无论夏型种还是冬型种，在停止生长的休眠期间都要减少浇水次数，一个月最多浇一次水。

一关于夏型种一

首先介绍夏型种。一般到了3月，夏型种的生长开始变得活跃。进入4月时开始充分地浇水。不过，如果是在寒冷地区的早晨，浇水时，要调至适宜的水温再浇。浇水时尽可能选择晴好的白天，如果阴天下雨最好不要浇水。

夏天浇水要多加注意。

多雨时节中连续晴天时，可以少浇一点水，大约就是须根前端略湿的程度。连续阴雨天时就不要浇水了。湿度高、气温高的时候，很容易引起根部腐烂。土没有完全干透时不要浇水。

另外，盛夏时严禁正午浇水。由于花盆温度太高，浇的水有在土中变成热水的危险。浇水最好的时间段是傍晚到夜间，这个时候，白天被晒热了的花盆也凉了下来。

秋季基本和春季是相同的，夏型种到了深秋以后生长也开始迟缓，这时就不要浇太多水，等土完全干透了之后再浇。

冬天有些干燥，放在温度特别低的地方时就要完全断水。如果放在室内或者温度稍高的地方时，要稍微浇一点水。

—关于冬型种—

到了春季时，随着温度变暖，要逐渐减少浇水的次数，当花盆里的土干了一半左右时再浇。

夏季，冬型种休眠。进入多雨期时，要开始控制浇水量。尽可能放置到半阴凉处。

到了秋季，冬型种从休眠状态中苏醒过来。开始逐渐增加浇水的量与次数。

在冬天上午稍微早一点的时间段，把30℃左右的温水倒入花盆，一次浇透。当然，也是在盆里的土完全干透之后再浇。还有，如果浇水时间放在下午，那么室外或室内温度低的情况下，夜里也许土会冻上，所以要特别小心。即使是冬型种，在严冬期生长速度也会变慢，所以要控制浇水。

即使是夏型种的七宝树，也会对高温多湿的环境不适，要多注意保持通风透气。

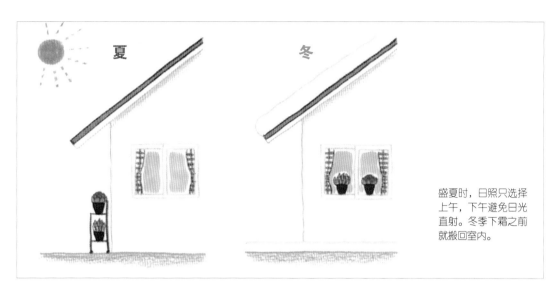

夏　　　　　　　　冬

盛夏时，日照只选择上午，下午避免日光直射。冬季下霜之前就搬回室内。

根据不同季节来调节温度与日照

多肉植物在我们的印象中是热带植物，所以应该十分耐暑但不耐寒。但有些地区夏季不仅高温，还十分潮湿，有些地方到了夜间温度也不会下降，这样的气候不太适合多肉植物生长。另一方面，大部分多肉植物其实都比较耐寒，但是要注意避免日照不足。

春秋两季要注意避免叶子被晒坏造成叶片灼伤。长期缺乏日照，突然被猛烈的直射光照射后，叶片会被灼伤。特别是冬季里缺乏日照的情况下，应当逐渐往日照好的地方移动。强光照射时，要尽可能确保通风。

盛夏时的日照，上午就足够了。中午到傍晚的强光日照是有害的，所以下午有必要为了避免直射光而移动到树荫或屋檐下，或者是用寒冷纱来遮光。另外，冬型种尽可能放在凉快通风的地方。

冬季，即使十分抗寒的品种，如果下霜的话也会冻结，所以根据所在地域及当年的气象状况，在下霜之前就赶快搬回室内吧。

在冬季要注意的依旧是日照不足的问题。一天至少要保持3~4小时的日照时间，但是，如果外面的气温不到5℃的话，就不要搬出去了。

在寒冷地区，严冬时窗边的温度有时会变得特别低。这种情况下，我们可以选择放在厚实的窗帘的内侧。相反，如果室内暖气开得很足的话，即使只是开春，窗边也会是意想不到的高温，这一点需要注意。

利用移栽来恢复元气

移栽的基础知识

花器空间有限，所以总有一天会对植株生长产生障碍，这时就需要移栽了。

一直置之不理的话，土中的微量元素（养分）就没有了，相反根系代谢产生的废物会大量沉积。最关键的是，如果2~3年都没有移栽的话，根系会充满整个花盆。这样的话新的根系不能生长。当根系从花盆的底孔里冒出来的时候，会形成"缠根"，这种状态就有造成根腐烂的可能性。

当植株长满了整个花盆时，也需要移栽。移栽到比植株周边多出2~3厘米的花盆里，每年都换到大一点的花盆里，这样会生长迅速；相反，如果不想让它们长大，就不要添加基肥，还用同样大小的花盆，只整理一下根系，换换土就可以了。

大型植株2~3年移一次，小型植株1~2年移一次。

无论什么品种的多肉植物，都要选择在生长期移栽，这个是最基本的。夏型种在3月到盛夏之前进行移栽，如果是寒冷地带，时间就要比这个稍晚一些。冬型种残暑（从8月下旬到9月上旬）过后是移栽的最佳时期，寒冷地方则要稍早一些。根据温度等条件以及植株自身的状态，移栽时期会稍有变化。

在进入休眠期之前，尽可能让根系得到生长，这一点很重要。如果太晚，根系可能已进入休眠状态，这一点需要多加注意。老株的话出根会比较慢，如果移栽就需要尽早开始。

原则上说，要尽量选择连续晴好天气的时期，避免选择在天气会变坏的时期移栽。尽量避开梅雨及秋雨。至于时间段的话，上午最好。

移栽的日子决定后，首先准备好干净的花器。选择比植株整体周边多出2~3厘米的花盆。培养土也准备新土（参照P38）。用过的土，因为微量元素没有了，又堆积了好多废物，原则上不可再用。

另外，根系及下部叶子腐烂时，或因为病虫害造成植株不健康时，不要等时机，必须马上移栽。

须根系品种的移栽步骤

1
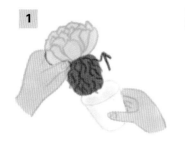
轻拍花盆，拔出植株。

2

把根系打散，把土抖掉。

3

修剪根系，根梢处缠绕部分剪去一半至三分之二。

4

把植株放在半阴凉处，晾 3~4 天。

5

把底土放进去，再放入植株。

6

用桶铲从植株侧面倒入干燥的培养土。

须根系品种的移栽

包括莲花掌属、拟石莲花属、景天属、长生草属等，大部分的多肉植物都可以按照基本步骤来进行移栽。

当决定要移栽后，应该提前几天就开始控制浇水，让根系干燥。如果根系湿的话移栽时很容易受到损伤。

移栽前的植株充满了整个花盆，根系也塞得满满的，很不容易从花盆中拔出。这时，首先要用手咚咚地轻拍花盆侧面，使盆土松散，然后再轻轻拔出。拔出之后，轻拍根，抖落土，处理根系。

景天属可以根据基本步骤来进行移栽。乙女心（上）和铭月（右）在春天到初夏期间移栽。

从根梢处将缠绕部分剪去一半至三分之二，这么做会促进新根系的生长。如果这时发现有黑色根的话，要从根基部彻底切除。

接下来不要马上移栽。整理过根系处的植株在半阴凉处晾 3~4 天。因为湿着的话容易发霉，或者会有肉眼看不到的杂菌侵入，使其干燥可以防止根腐烂。

种植方法和从园艺店购买后的栽种方法大体上一样。把底土 (粗粒土) 先放进去，再在上面倒一些干燥的培养土，然后放入植株。这时不要用手往下按，要从侧面再把土倒进去。倒入土之后，轻拍花盆的周边，使土沉下去。注意不要栽种得太深。

植株已经徒长的情况下，是不会恢复到原来的形状的，所以要切掉徒长的部分。之后再移栽的话，不久之后会长出侧芽，之后应注意日

照条件，精心栽培，就会培育出形状漂亮的植株。切下的部分可以用来做枝插 （参照 P56 ）。

移栽之后不要马上浇水。 4~5 天后少浇一点，之后渐渐增加浇水量。放置场所也是从半阴凉处逐渐往朝阳处移动。

直根系品种的移栽

龙舌兰属、芦荟属、千里光属、十二卷属等直根类品种，与须根系品种的处理方法有很大区别。这些品种是不用晾根的，当然也不做切根。

把准备好的土，喷或洒点水，稍微弄湿，但不要太湿，大致就是用手握一下再松开后，土能慢慢散开的程度。

准备好比植株全体（包括展开的叶子）周边多出2~3厘米的新花器。轻拍植株花盆周围，把植株从花盆中轻轻拔出，为了不损坏根系，拔时要小心。拔出后轻拍植株的根系，抖落掉上面的土。

把底土和培养土按顺序放入盆底之后，再把拔出的植株（不要晾）小心地植入。

栽种之后稍微浇点水，然后放回原来的位置。

与景天属及莲花掌属相同，长生草属的卷绢是须根类品种。在植株开始生长之前的春天进行移栽。

直根系品种的移栽步骤

1
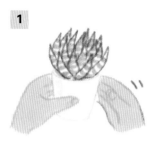
轻拍花盆，使盆土松散。

2
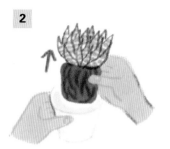
拔出植株，发现旺盛的根系几乎充满花盆。

3
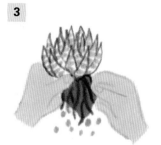
用手小心地抖落根系上的土。

4

把打湿的土放入新准备的花盆里。

5

立刻把没有干燥的植株种入。

6

稍微浇点水。

十二卷属的龙城属于直根系品种，在根系不干燥的状态下进行移栽。

球形女仙类的移栽

肉锥花属和生石花属的植物，圆滚滚的株形，呈群生状态，被称为球形女仙。如果常年放置不移栽的话，群生的植株整体会长大，可是中心部分会变空并枯掉。移栽时要除掉这部分，清理干净。

从盆中拔出后抖掉土，切除根梢，移栽方法和须根类一样。根梢切除后，用镊子把中央干枯的部分小心地除掉。还有，球形女仙会脱皮，要把脱皮后剩余的皮在基部三分之一以上的部分全部除掉。为了不伤害到植株，要等整体干燥后再作处理。

之后，用双手把植株整体往中间拢，使其紧凑，同样是在半阴凉处放置 3~4 天，等干燥之后移栽。

移栽之后，和之前介绍的须根类品种一样，不要立刻浇水，经过 4~5 天之后稍微浇一点水，并逐渐增加浇水量。放置场所也是从半阴凉处逐渐往朝阳的地方移动，增加日照时间。

肉锥花属的玉彦（上）和灯泡（左）都属于球形女仙。移栽时，要仔细检查群生植株中央有没有干枯的部分 。

干枯的中央部分的去除方法

* 处理球形女仙的品种时

1　用小镊子把群生植株中央的干枯部分除去。

2　除掉干枯部分之后用手往中间拢。

当出现健康问题时的移栽

就算我们认为自己照料得很精心，可是枝茎枯萎、根腐烂的情况也还是会有的。根系如果枯死了，就不能正常吸收水分及养分，过不了多久植株就会整体枯萎。如果是根系开始腐烂的话，植株就会很快都烂掉。这时就不要等时机了，马上进行移栽。

须根类品种的话，把腐烂的根全部切除。如果还有白色根，会从那里生出新的根，小心不要弄伤。在经过处理之后，按通常的方法进行栽种。

直根类品种的话，腐败变黑的根及枯根要从根基处切除。因为很可能有病菌侵入，所以要等到伤口干燥后再移栽。

拟石莲花属品种，如果下面有干枯后未及时清除的叶片，那么在移栽时请把它们清理干净。另外，如果下部叶片开始腐烂，置之不理的话可能会腐烂到植株的中心部，这时就请马上进行移栽。

把植株从花盆拔出后，用小钳子仔细除去腐烂的叶子。叶基处腐烂的地方也清理干净。根系就按照常用方法处理，在根基部涂上专用杀菌剂，在阴凉处放置1个星期左右，干燥之后再栽种。

下部枯叶的去除方法

* 拟石莲花属的例子

1　下面叶子干枯或腐烂变色的植株。

2　从花盆里拔出来后，小心地除去下部枯叶。

拟石莲花属的芙蓉雪莲（上）和大和锦（右）由于对多湿环境不太适应，所以移栽的时候应仔细检查一下根系的健康状况。

多肉植物的繁殖

根据不同品种的特征，选择繁殖方式

　　用播种的方式进行繁殖是不适合多肉植物的，因为多肉植物的种子十分小，杂交的方法也很难。但是，用下面介绍的方法，则可以很简单地进行多肉繁殖。品种不同，特征不同，繁殖方法也不同，因此我们要认真学习后再开始进行。

　　在这里，给大家介绍最具有代表性的叶插、枝插、分株这三种方式。无论哪种方式，最适合繁殖的时期和移栽一样，为春秋两季。

叶插繁殖

■叶插适合繁殖力强的品种

　　叶插也被称作"叶播"，是由一片叶子生出根和芽，然后成长为一株植物的方法。从风车草属、厚叶草属、景天属等繁殖力旺盛的品种，到拟石莲花属、鲨鱼掌属、伽蓝菜属、青锁龙属、十二卷属等，许多的品种，都可以利用叶插的方式进行繁殖。而龙舌兰属、芦荟属、千里光属、银波锦属等品种，则不适合使用此方法。

　　叶插的话，从幼苗生长为成苗所需的时间，和其他繁殖方法相比要长一些，但是一次可以大量繁殖，这是叶插的长处。

　　浇水时不小心碰掉的叶子，以及在做枝插（参照 P56）时所切除的多余叶子，都可以用来做叶插。

■当发出的芽长到了 1 厘米后开始浇水

　　首先从枝茎上取叶片时候，要用手指轻扯叶基部小心摘取。尤其是拟石莲花属的叶片，小心叶基不要有残留，仔细摘取。

繁殖颇受欢迎的品种风车草属的姬胧月时，就可以使用叶插的方式。

叶插的繁殖方法

1

用手摘叶子时，要轻扯叶基部小心摘取。

2

摘取下的叶子，摆放到干燥的土上，不要插到土里，放到半阴凉处。

照料植株时不小心碰掉的叶子，自然摆放到盘中干燥的土上，不久就会长出根和芽。

准备好托盘，要求平整且面积较大，铺上干燥的土。把摘取的叶子摆放在里面，注意叶片间留出间隔，不要插到土里，仅仅是摆放在土的上面。此后，直到发芽为止一直放在半阴凉处，不要浇水。

几周后，会生出根，不久后就会发芽了。当芽生长到1厘米左右时，用喷雾壶稍微喷点水。几个月后，原来的叶子会枯萎，新芽长到2~3厘米。成长到这个程度后，用小镊子或筷子夹住根部提取出来，然后和别的植株一起移栽到花盆里。

■ 肉锥花属及伽蓝菜属的繁殖方法

球形女仙的肉锥花属植物，是呈现小形球体群生的类型，持续多年的养育，叶子会繁殖得越来越多。但是枝茎老化，不久就不再继续生长。到那时，需要切取叶子整理植株，切下的叶子就可以用来做叶插了。

月兔耳

锦铃殿

这是月兔耳（下）和锦铃殿（右上）用叶插的方式发出新芽和根的状态。叶插后大概几周时间发出了芽和根。原来的叶子不久就会完成使命，几个月后就枯萎了。

这是星美人的新芽和根长到2~3厘米时的状态。

伽蓝菜属的一些品种叶缘叶尖会生小芽（子株）（左），把小芽从叶片上摘下来（上），就可以做叶插了。

　　用小剪刀小心地切取叶子。为了确保能够生根，要用刻刀把变硬（木质化）的部分全部切掉，使叶基部的生长点暴露出来。切口涂上杀菌剂，在通风的半阴凉处干燥2~3天，然后把叶片插到培养土里，切口处稍微遮上一点土即可。栽种2~3天后，每天用喷雾壶喷喷水，等待生根。

　　伽蓝菜属中，有叶缘会生出许多"小芽"（子株）的品种。这个小芽长到一定程度时会自然落下，并在落下的地面扎根生长，繁殖力很强。

从小芽开始成长到落地生根。

小芽长到一定程度，即使不摘也会自然落下，然后就在土中扎根生长了。

枝插繁殖

■切下的插穗晾 4~5 天后栽种

所谓枝插，就是从植株上切取健康的嫩芽作为插穗插到土里，以此方法进行繁殖。徒长的枝茎也可以切取下来做枝插。但是为了开花而长出的花茎是不能用作插穗的。

原则上，为了不让切取下来的枝茎的切口因为湿气而腐烂，要先放到通风好的阴凉处晾 2~5 天后，再插到土里栽培。

景天属和青锁龙属的植物，小小的叶片之间几乎没有缝隙，为了能栽入土中，要把下部的叶片摘掉若干片，使茎部露出 1 厘米左右，然后再做插穗使用。如果下部叶片已经脱落，那么只把露出的茎留下 1 厘米左右即可。

可插部分过短的话，只要放到土上就可以了，只是为了不让它倒下，可以立着靠在花盆边上。

■生根之后开始浇水

土和花盆的准备工作，与移栽时相同。插到土中，到生出根为止不要浇水。生根的话，景天属和莲花掌属大概需要 10 天，青锁龙属需要 15~20 天，银波锦属和千里光属需要 20 天至 1 个月。但是，如果是秋季的话，除了莲花掌属以外，需要在此基础上再多加 10 天左右。生出根后浇了水，那么生出的根系就开始迅速生长。两个月之后，被摘掉顶芽的母株也会生出新芽。

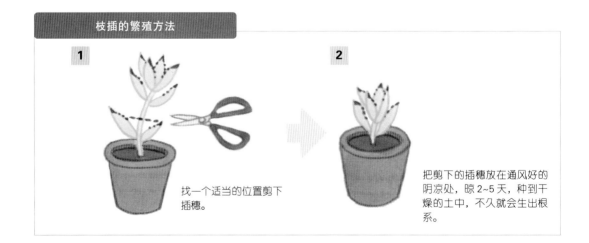

枝插的繁殖方法

1 找一个适当的位置剪下插穗。

2 把剪下的插穗放在通风好的阴凉处，晾 2~5 天，种到干燥的土中，不久就会生出根系。

作为插穗从母株上切取下来，正在晾着的玉珠帘（上）。2~3周后长出了新的根（左）。

青锁龙属的神童。从春天到初夏，为枝插的最佳时节。

■枝茎向上生长的品种的枝插

　　枝茎向上生长的有莲花掌属的黑法师，还有伽蓝菜属、青锁龙属、拟石莲花属的一部分品种，枝茎长到 10 厘米以上时，可以把枝茎留下三分之二，上面切下用来做插穗。

　　切取下来的插穗，需要先在通风的阴凉处晾 2 天。找一个盆口比切穗的叶子小一圈的空花盆，叶子朝下切口朝上地悬空晾着，之后倒过来，这样共晾 2 天左右。

　　当切口晾干后，在盆中放入土，插入插穗，要插到下部的叶子只从土中稍微露出一点点的程度。在半阴凉处放 4~5 天后挪到打算长期放置的地方去，到生出根系为止的约 20 天要控制浇水。被切取了插穗的母株，在 2 个月后会生出新芽。

　　大戟属也可以通过切取插穗进行繁殖，不过切取时会从茎的切口分泌出白色液体。这个液体会引起皮肤发炎，注意不要触摸。另外，如果这个液体附着在枝茎上的话，可能会妨碍生根，要用水仔细冲洗干净后马上栽种。

块根类品种的繁殖

　　十二卷属等有块根的品种，可以用栽种根部的方式来进行繁殖。从根部切下根龄为 1~2 年的根，放在阴凉处晾半天。根基部（根的上方）从土中露出 1~2 厘米，栽种到花盆里。放到半阴凉处，等到几个月后新芽冒出来时再一点点开始浇水。当幼芽成长为小苗时会长出新的根系，这时把小苗从原来的旧根上小心地取下来，栽种到花盆里。

分株繁殖

▓ 从根部分株繁殖

龙舌兰属、芦荟属、十二卷属等，子株并不和母株相连，根系是独立的。这样的子株放置不管的话会一直不停地繁殖，很快盆中的根系就会满了。通过分株的方式，可以使各植株的根部得到充分生长。

把整个植株拔出来后，可以看到母株的周围有若干子株，根系大多纠缠在一起，小心抖落掉附着的土，把外侧的子株一个个小心地分离。这时，要仔细地把黑根及枯根都清理掉。

这种用分株的方式进行繁殖的多为直根系品种，与移栽时的注意事项相同，不要晾根，直接栽到湿润的土中。子株分别种到小花盆里，母株和子株都放回原来的环境中培育。

十二卷属的水晶掌（上）和厚叶草属的紫丽殿（右），都是直根系品种。子株与母株没有连在一起，繁殖时把子株从母株处分开。

分株繁殖的方法

1

从花盆中拔出来后，把土抖落，把植株向左右拉扯使其分开。

2

从外侧的子株开始着手，小心扯开，然后栽种到湿润的土中。

■用从母株分枝而生的子株进行繁殖

　　有的品种从母株的主茎上分枝生出子株，我们把子株的茎切下来进行繁殖。

　　把植株从花盆里拔出来后，首先清理掉下部干枯的叶子。把分枝生出的子株，在留有约1厘米枝茎的位置切下来。之后，给母株做与移栽时相同的切根处理。母株、子株都相同，要把残留的枯叶仔细清理干净，为了让切口更好地愈合，要在通风的阴凉处晾2~3天。

　　在干燥的土中植入母株时，小心不要将切口埋到土中。栽种子株时，先在土的正中挖个坑，再把子株轻轻插到坑中央，然后把周围的土往中间堆。

　　在半阴凉处放置4~5天，不要浇水。当母株的切口处长出新芽时，子株的根也生了出来。

景天属与拟石莲花属杂交的群月冠（上）和拟石莲花属的锦牡丹（右），会从母株的茎上分枝生出子株，所以我们把分枝出的子株切下来用来繁殖。

分枝生出的子株的繁殖方法

1

清理掉根基处的枯叶后，把主茎上分枝生出的子株，在留有约1厘米枝茎的位置切下来。

2

切下来的子株放在通风良好的阴凉处，切口干燥后栽种。

多肉拼盘的基础知识

使用叶插繁殖而生的子株

多肉植物适合做拼盘造型，是因为它们原本生长在干旱地区，茎和叶有贮藏水分的功能，生长时不需要太多的土。在原生地，即使是岩石间，哪怕只有一点点土的地方，多肉植物也可以生长。所以即使是很小的容器，只要注意排水，也可以同时栽种多个品种，成为用来欣赏的作品。

如果容器比较小，那么可以有效利用叶插而生的子株。把几个品种经过充分干燥的子株种在一起，就会成为特别可爱的拼盘。选择形状相似的品种，注意色彩搭配，这是轻松做出漂亮多肉拼盘的诀窍。鲜绿色、深绿色、红色、粉色等，把不同颜色的品种组合到一起效果尤佳。

搭配选用姿态独特的品种

多肉植物的姿态各异也是适合做拼盘的一个原因。也许和井然有序的设计比起来，有些枝茎稍长的品种可能形态显得有些"狂放"，却会使整件拼盘作品更有生气，更有趣。即使有些徒长，但那种自然舒展的姿态，就可以成就一件有个性的拼盘作品。

如果使用高一点的花器种植新玉缀、爱之蔓、万年草等下垂的品种，会带来强烈的视觉冲击。而使用大戟属那些向上高高生长的品种则另有一番风趣。

各种多肉一起栽培的话，夏型种和冬型种的组合要尤其注意。小心不要把夏型种种在被冬型种遮住阳光的地方。

使用各种容器来增加乐趣

红陶类花器、玻璃容器、铁质罐等都和多肉拼盘十分相配。那些看起来细腻又色彩微妙的品种，与各种复古的花器搭配，一同出演，更是相映生辉。

再则，不仅仅是利用容器，水苔、花泥、铁丝、网、木板及栅栏等，都可以作为设计多肉拼盘的配材和工具。

果用心管理，那么即使是很小的容器或狭窄的空间，也可以轻松做出一款多肉拼盘，成为可爱的装饰品。

在玻璃容器中栽种七宝树和滇石莲，可以发挥七宝树垂直生长的造型特点。夏季，要注意保持容器的透气性。

是一款外形奔放的多肉拼盘，中央的蓝月亮和右端的白牡丹等，自予展，演绎出个性十足的多肉拼盘。

病虫害的防治措施

多肉植物的常见病

大部分多肉植物都很健壮，但是由于环境变化的影响而变衰弱的事情也是有的，而且，还有可能因此而染上疾病。

一旦染上疾病的话，多数会迅速枯萎，所以为了预防这种情况的发生，保证适度的日照及通风就显得尤为重要。

霉菌 高温多湿的时期尤其容易染上，感染上霉菌的话植物会变为灰褐色，体积变大，可能不久就会枯死。为了预防要注意保持通风良好，雨季前做好杀菌消毒。

腐败菌 同样是在高温多湿的时期，容易因日照和通风不足而感染，有时会在一夜之间腐烂干枯。在良好的环境中养育才是最好的预防。

黑点 因为淋雨，叶片被伤害而残留的痕迹。

多肉植物的害虫

害虫不是很多，但是一旦发现就要马上清除掉。

如果使用药剂，那么使用时要先仔细阅读注意事项。

介壳虫 仙人掌上生的常见害虫，可以用硬刷子给刷下来。

棉虫 像白色的棉絮一样附着在多肉植物上的一种虫。使用药剂时采取喷洒或者是从根部给药的方式，也可以用脱脂棉蘸上酒精清除。

粉虱 呈微小的白粒状，常附着在根部。如果移栽时，看到根系被白粉所覆盖那就是出现粉虱了。仔细清洗后再晾干的话可以除去，使用药剂也是十分有效的。

红蜘蛛 肉眼难以看到的红色虫子，如果繁殖的话，植物的整体就会褪色。用喷洒药物的方式除去。

蚜虫 不仅是多肉植物，其他品种的草木也会滋生的害虫。有绿色的也有黑色的。可以用刷子清除，但是大量滋生时可以选择使用药剂。

鼻涕虫 会偷吃新发出的嫩芽部分。可手动清除或者是用药剂消灭。

线虫 当根系形成瘤状时有可能生线虫。如果发现了，要将瘤状部以下全部切除。

像白粉一样寄生着的棉虫。使用药剂时采取喷洒或者是从根部给药的方式，也可以用脱脂棉蘸酒精清除。

叶子上出现的茶色斑点，是植物被雨淋了之后，放到了日照不好的地方所造成的伤痕。切掉受伤的叶子，使其长出新芽。

在日照通风都好的地方培育的话，不会有严重的病虫害发生。在室内培育时，应选择放在日照好的窗边或者飘窗的窗台上。

有关多肉植物栽培的问与答

Q. 已经徒长了的植株能恢复原形吗?

A. 因为日照不足而造成的上下叶之间的枝茎过度生长称为徒长，一旦徒长了是不可能恢复原形的。徒长后因为形状不好通常要再处理，比如可以切茎用来做插穗。因为原来的植株会生出新芽，所以如果注意日照的话，是可以培育出漂亮的形状的。但是，如果是适度的徒长，而且植物本身也还健壮，那么我们可以发挥其姿态特点，用来做一款个性十足的拼盘作品。

Q. "虹之玉锦"或"虹之玉"等，如果褪色了怎么办?

A. "虹之玉锦"或"虹之玉"如果日照良好会被染上鲜艳的颜色。特别是湿度低的春秋两季，颜色甚浓，但是到了夏季会变绿。另外，如果肥料过多的话也难以形成漂亮的颜色。在足够的日照和通风下，控制用肥和浇水，是保持颜色漂亮的窍门。

人气品种虹之玉锦，只有保持良好的通风与日照，叶子才会都染上鲜艳的红色。即使放在室内，也要尽量放在日照好的地方。

白牡丹（右端）等几株多肉的枝茎自由生长，打造了个性独特的多肉拼盘。

Q. 所谓"缀化"是指什么品种?

A. 缀化指的是因为某种异常状况的发生,枝茎的生长点被分裂,茎顶端分化为带状或者板状,形成扇形的现象。缀化并不是特指某个品种。缀,顾名思义,就是连接的意思。不管怎么说,有的人就是喜爱这个形状,所以多肉缀化很受欢迎。

Q. 多肉植物能在室内栽培吗?

A. 如果是明亮又通风的室内的话,是可以的。多肉植物可以种在小的花器中,像装饰品一样供人欣赏,所以我们想把它摆到室内来培育。如果是每天都有 3~4 小时的日照的地方就没问题,室内条件达不到时,我们可以勤快些,经常把它们搬到室外去晒太阳。

缀化的高砂之翁。

夏型种的霜之朝,虽说比较耐寒,但是如果不是温暖地带,冬季还是放到室内培育比较好。放在湿度低的地方,白天予以充足的日照,这样能生长得更漂亮。

Q. 据说多肉植物不仅耐旱，而且还耐暑耐寒，那么有相对来说娇弱的品种吗？

A. 无论哪个品种，都可以抵挡一定程度的寒暑。但是，个别品种，比如伽蓝菜属的植物比较怕冷，到了隆冬会完全进入休眠状态，所以在深秋时要搬回室内，温度如果到了零下，就有可能完全枯萎。

长生草属的植物抗寒而不抗暑。它们原生于地势较高之处，所以会不适应夏季高温多湿的气候，处理不好会腐烂枯萎。这时期要注意控制浇水，放在通风好的半阴凉处。

伽蓝菜属白银之舞不耐寒冷，即使冬季以外的季节也要多注意保持日照。特征为叶子的一部分染着红色，如果日照不足的话染色就不漂亮。

长生草属的长生草，原产于欧洲中部至俄罗斯山岳地带，是耐寒的冬型种。因为对高温多湿的气候不适，所以在雨季要放在通风好的地方。

Ⅲ 高人气多肉图鉴

多肉植物品种繁多，姿态也各不相同。我们选择了现在比较有人气的，以及自古以来就为大家所熟知的152个品种进行介绍。

图鉴的阅读方法

此图鉴是根据属名分类介绍的。这是因为一般情况下，多肉植物大都是被归类到属名中后通用。关于各属所隶属的科名，在各页上部有标示。

植物名（种名、品种名）的其中一部分使用固有学名。我们所标注的名称，是在日常生活中最常使用的名称。

植物名　　学　名　　属名和科名

原生地
如果是原生地分布广泛的品种，那么只选择性地标出了代表性的地域或国家。杂交种及人工培育的品种，如果知道原种是什么的会标出原生地，除此之外统称为"园艺改良品种"。

生长期
标明多肉植物生长的季节。关于生长期类型的介绍，请参阅 P43。

大小
植物拍照时的直径、高度、枝茎长度、花序大小等。直径为植株整体的直径。

特征
包括姿态及颜色的特征，生长期及休眠期的状态，栽培时的注意事项等。

拟石莲花属 *Echeveria* 景天科

霜之朝
Echeveria cv.

原生地：园艺改良品种
生长期：夏季
大　小：直径约 10 厘米

特征 叶片为略扁平的梭形。颜色泛白，隐约透出一层漂亮的淡紫色。叶尖部的紫红色最浓。和其他景天属多肉一样健壮，但是盛夏时要注意避免高温多湿。

沙维娜
Echeveria shaviana

原生地：墨西哥
生长期：夏季
大　小：直径约 7 厘米

特征 叶片为深紫色，上面覆盖着一层淡淡的白色，叶形为剑状，叶缘有卷边。有一种叫"祇园之舞"（*Echeveria shaviana* 'Truffles'）的品种与此种形状相同，可是叶片颜色呈泛青的绿色。无论哪种，都要避免盛夏时的直射日光，并减少浇水。

79

黑法师

Aeonium arboreum 'Atropurpureum'

原生地：加那利群岛、摩洛哥
生长期：冬季
大　小：高约 40 厘米

特 征 长长的枝茎上，有着呈莲座状（放射状）排列的叶片。本种类是带有紫色的黑色，另外也有叶片纯黑的"墨法师"。如果缺乏日照的话，叶片就会变绿。

小人祭

Aeonium sedifolium

原生地：加那利群岛
生长期：冬季
大　小：高约 8 厘米

特 征 在大部分叶片呈莲座状排列的莲花掌属多肉当中，本种类比较特殊，它叶片很小，从长长的枝茎处分出很多枝，叶片群生。红色的斑点点缀在黄绿色叶片当中，尽显细致之美。

宽叶虚空藏
Agave parryi var. huachucensis

原生地：北美洲
生长期：冬季
大　小：直径 75~80 厘米

特征 此品种为"虚空藏"的同类，直径可达到80厘米左右的大型品种。有若干近似品种。叶子很多，宽宽的，非莲座状排列，叶缘有细小的边刺，尖端则是茶色的大边刺。耐寒。

笹之雪
Agave victoriae-reginae

原生地：墨西哥
生长期：冬季
大　小：直径约 40 厘米

特征 宽宽的叶片呈莲座状排列。由于它小竹笋般的叶子上有着白色条纹，所以就得来了这个名字。和大多数龙舌兰属植物一样，健壮易养。还有比本品种更小型一点的品种，叫"姬笹之雪"。

乱雪

Agave filifera

原生地：墨西哥
生长期：夏季
大　小：直径 50~60 厘米

特　征　从基部伸出很多呈莲座状排列的细长叶片，可以成长为直径 60 厘米的偏大型品种。叶缘不是边刺而是白丝，看起来美丽动人。还有一种叶片更长的大型品种，叫"大型乱雪"。

雷神

Agave potatorum 'Verschaffeltii'

原生地：墨西哥
生长期：夏季
大　小：直径约 15 厘米

特　征　叶片厚而宽，呈莲座状排列。叶缘那豪壮的边刺使得它的名字名副其实。边刺会变成红褐色。本品种没有花纹，整体呈绿色，另外还有一种有花纹的品种，叫"雷神锦"。

猴面包树
Adansonia digitata

原生地：非洲大陆、马达加斯加、
澳大利亚
生长期：春季至秋季
大　小：高 2 米以上

特征　在非洲大陆、马达加斯加、
澳大利亚的干燥地带广泛分布。很久
以前我们就知道，这种树多为巨树。
此树的树干可以积蓄大量水分。

沙漠玫瑰
Adenium obesum

原生地：非洲至阿拉伯半岛
生长期：夏季
大　小：叶长 5~8 厘米

特征　在沙漠玫瑰属植物当中，能
绽放美丽的花朵的品种很多，其中有
种被称为"黑斑羚百合"的变种，开
的花尤其红艳。不抗寒，所以冬季要
注意温度的管理。严冬期断水，使其
进入休眠状态。

锦铃殿

Adromischus cooperi

原生地：南非
生长期：冬季
大　小：直径约 10 厘米

特 征　厚厚的叶片，形状变化多端，是比较值得搜集的天锦章属中的一个品种。叶片为扁平状，夹杂斑纹，看起来很有趣。还有一种更矮小型的"达摩锦铃殿"。

神想曲

Adromischus cristatus var. *clavifolius*

原生地：南非
生长期：冬季
大　小：高约 9 厘米

特 征　和"锦铃殿"比起来，叶形较细长，叶片前端逐渐变宽。无花纹，叶片整体呈鲜绿色。枝茎会生出气生根（在空气里生的根），随着生长，枝茎会被细毛一般的褐色气生根遮盖起来。

绿之卵
Adromischus mammillaris

原生地：	南非
生长期：	冬季
大　小：	高约 5 厘米

特 征　和"长绳串葫芦"（*A. filicaulis ssp.marlothii*）比较相似。叶子饱满，小且细长，如深绿色的鸡蛋状，由此得名。因为看起来很可爱，所以比较有人气。

樱吹雪
Anacampseros sp.

原生地：	南非
生长期：	夏季
大　小：	直径约 10 厘米

特 征　枝茎不是向上直立生长，而是匍匐着横向伸展，上面生出很多菱形的厚叶片。叶尖向四周晕染开的粉红色，甚是绚丽，是深受欢迎的品种。比较健壮，易培育。

吹雪之松锦
Anacampseros rufescens

原生地：南非
生长期：夏季
大　小：直径 5~7 厘米

特征　和"樱吹雪"一样，横向伸展的枝茎上长着色彩瑰丽的叶子。叶片的颜色比樱吹雪的绿色更深一些，同样染着粉红色。枝茎会生出丝毛。耐寒耐暑，即使在严冬，只要不是寒冷地带，都可以在室外栽培。繁殖力旺盛。

亚龙木
Alluaudia procera

原生地：马达加斯加
生长期：夏季
大　小：高 30~50 厘米

特征　褐色的粗茎，叶片群生着向上生长。枝茎长着很多规则排列的花刺，同时还排列着薄薄的鸡蛋状花叶。还有一种花叶为心形的近缘种，叫"亚森丹斯树"（*A.ascendens*）。

金铃

Argyroderma roseum f. delaetii

原生地：南非
生长期：冬季
大　　小：直径 6~8 厘米

特 征　被称为"玉形女仙"，拥有球状姿态的金铃属于番杏科。叶片像有光泽的绿色豆子一般。到了秋天，叶间会绽放美丽的、花瓣细细的黄色花朵。开红花的品种被称为"红花金铃"。

不夜城

Aloe mitriformis 'Huyajou'

原生地：园艺改良品种
生长期：夏季
大　　小：直径约 10 厘米

特 征　作为草药，很久以前就被大家所认识的芦荟的一种，从阿拉伯半岛到南非，广泛地分布着。本品种是"广叶夜城锦"（*A.mitriformis*）的园艺改良品种，鲜绿色带边刺的大叶片呈莲座状展开。图片为带花纹的品种。

百岁兰
Welwitschia mirabilis

原生地：纳米比亚
生长期：春季至秋季
大　小：高约 50 厘米

特征 又称"奇想天外"。在西非的纳米布沙漠里自然生长的非常罕见的多肉植物。宽宽的叶子向两端伸展。在当地，就好像枯萎了的大树卧在地面一样。寿命长的超过 1000 年，也有 2000 年的。

秋之霜
Echeveria cv 'Akinoshimo'

原生地：墨西哥
生长期：夏季
大　小：直径约 10 厘米

特征 拥有美丽的莲座状叶片的拟石莲花属有很多品种，是观赏用多肉植物中的"大家族"。本品种厚实的叶片略呈椭圆形，隐隐呈现一层红紫色。

锦晃星
Echeveria pulvinata

| 原生地：墨西哥 |
| 生长期：夏季 |
| 大　小：花茎高约 10 厘米 |

特　征　厚实的叶片前端稍尖，尖端呈红色。叶片整体布满了白色绒毛，感觉很可爱。随着生长，长长了的枝茎会分枝。夏季避免日光直射。

久米之舞
Echeveria spectabilis

| 原生地：墨西哥 |
| 生长期：夏季 |
| 大　小：直径约 10 厘米 |

特　征　也被称为"久米舞"。叶片为深绿色且有光泽，叶边呈红色。照片上是从叶腋部伸出的花茎。随着生长会生出新枝，长出很多新叶片。耐暑。本品种的园艺改良品种中，有一种叶片为浅绿色的"久米里"。

霜之朝

Echeveria cv.

原生地：园艺改良品种
生长期：夏季
大　小：直径约 10 厘米

特征　叶片为略扁平的梭形。颜色泛白，隐约透出一层漂亮的淡紫色。叶尖部的紫红色最浓。和其他景天属多肉一样健壮，但是盛夏时要注意避免高温多湿。

沙维娜

Echeveria shaviana

原生地：墨西哥
生长期：夏季
大　小：直径约 7 厘米

特征　叶片为深紫色，上面覆盖着一层淡淡的白色，叶形为剑状，叶缘有卷边。有一种叫"祇园之舞"（*Echeveria shaviana* 'Truffles'）的品种与此种形状相同，但是叶片颜色呈泛青的绿色。无论哪种，都要避免盛夏时的直射日光，并减少浇水。

高砂之翁

Echeveria 'Takasagonookina'

原生地：	园艺改良品种
生长期：	夏季
大　小：	直径 20~25 厘米

特征　直径能达到 20~25 厘米的大型品种。波浪边的叶片看起来很豪放。中心部为绿色，低温干燥时，外侧叶片会呈现美丽的紫红色。不抗寒，冬季尽早挪入室内，温度不要低于 5℃。

吉娃莲

Echeveria chihuahuaensis

原生地：	墨西哥
生长期：	夏季
大　小：	直径约 10 厘米

特征　叶片厚实，宽而短，呈莲座状排列。叶片整体覆着一层浅绿色，叶缘特别是叶尖处呈玫红色。如果缺乏日照就会褪色。植株直径为 10 厘米左右。

露娜莲

Echeveria 'Lola'

原生地：	墨西哥
生长期：	夏季
大　小：	直径 20~25 厘米

特征 叶片为泛白的淡绿色，叶尖较薄。叶片排列稠密，呈莲座状排列。冬季日照良好的话，颜色会很漂亮。夏季少浇水，适度遮光，保持通风。

特玉莲

Echeveria runyonii 'Topsy Turvy'

原生地：	园艺改良品种
生长期：	夏季
大　小：	直径约 12 厘米

特征 原种"鲁氏石莲花"（*E.runyonii*），叶片厚厚的，呈莲座状排列，近似种"赤星"（*E.agavoides*.'Macabeana'）叶片偏薄。本种则为奇异特别的形状，叶背中央有一条沟，细长的叶片向内侧弯曲。

锦牡丹
Echeveria nicksana

原生地：墨西哥
生长期：夏季
大　小：直径约 7 厘米

特征 叶子如玫瑰花一般呈美丽的莲座状。厚厚的叶片覆着一层泛白的浅绿色，叶尖与叶缘染着漂亮的粉红色。图片中的锦牡丹的基部生出了好多侧芽，可以把侧芽切下来做插穗。

野玫瑰之精
Echeveria mexensis 'Zalagosa'

原生地：墨西哥
生长期：夏季
大　小：直径 10~15 厘米

特征 每株上面都有很多小叶子密集紧凑地重叠起来，形成直径为10~15 厘米的莲座。叶片覆着一层淡紫色，叶尖则为紫红色。这种密集的莲座状构造，要注意清理叶片间的积水。

舞会红裙
Echeveria 'Party Dress'

原生地：园艺改良品种
生长期：夏季
大　小：直径约 30 厘米

特 征　叶缘呈卷起的小碎褶状，染着一层绚丽的红色，为景天科里有人气的园艺改良品种。外形较大，随着生长，枝茎会立起来，直径能达到 30 厘米。在盛夏和严冬，会停止生长。图片中的舞会红裙叶片上有瘤状凸起。

紫珍珠
Echeveria 'Perle von Nürnberg'

原生地：园艺改良品种
生长期：夏季
大　小：直径约 25 厘米

特 征　如大勺子般凹着的叶片组成粗大的莲座。叶片不是匍匐的，而是全部都直立起来的。直径为 25 厘米左右的中型种。图片上的叶子看起来虽然是紫色的，但是如果气温再低一点，空气再干燥一些的话，颜色会变得更深一些。

花月夜
Echeveria pulidonis

原生地：墨西哥
生长期：夏季
大　小：直径约 10 厘米

特征 直径为 10 厘米左右的小型种。很多小叶片重叠起来，呈莲座状排列。不仅是叶尖，连叶缘也染着美丽的深粉色。图片里的花月夜，在叶间伸出一根花枝，花是明快的黄色。利用叶插很容易繁殖。

花司
Echeveria harmsii

原生地：墨西哥
生长期：夏季
大　小：直径 5~6 厘米

特征 学名为"哈姆西"（音译，中文无此说法——译者注）。直径 5~6 厘米，经常会看到它们呈群生状态。剑形的叶片虽然密集但不重叠，都向上生长。叶尖至叶缘是红色的。初夏时节，会开出深红色的花。

碧桃

Echeveria 'Peach Pride'

原生地：园艺改良品种
生长期：夏季
大　小：直径约 12 厘米

特征　叶片又大又圆，少量的叶片呈莲座状排列，与叶片较小的"花月夜"在特征上形成了鲜明的对比。匙状叶片的前端有不大显眼的尖，叶缘至叶尖呈粉红色。整体呈通透的绿色。

大红

Echeveria 'Big Red'

原生地：园艺改良品种
生长期：夏季
大　小：直径约 20 厘米

特征　除了叶片中心部为淡淡的绿色以外，整体都是鲜红的颜色，十分耐看。叶片厚厚的为匙形，排列不紧密，仿若随意形成的莲花。还有枝茎向上生长的名叫"大粉红"的品种。

初梦

Echeveria 'Fun Queen'

原生地：	园艺改良品种
生长期：	夏季
大　小：	直径约 8 厘米

特征 稍厚的叶片，整体为通透的淡绿色，略微泛白。叶尖部那一点淡粉色，美得惹人爱怜。景天科中，园艺改良品种比较多，创造出很多特征相似的品种。

费马

Echeveria cv.

原生地：	园艺改良品种
生长期：	夏季
大　小：	直径约 25 厘米

特征 与"高砂之翁"和"舞会红裙"相似，叶缘呈卷起的细褶状，颜色是朱红色，叶片基部为黄色或黄绿色。不抗寒，下雪前要搬入室内。淋雨也会损伤叶子，所以要特别注意。

白闪冠
Echeveria Bombycina

原生地：园艺改良品种
生长期：夏季
大　小：直径约 7 厘米

特征　为"锦司晃"（*E. setosa pulvinata*）和"锦晃星"（*E. pulvinata*）杂交育成的园艺改良品种。锦司晃的小叶片生胡白色长毛，白闪冠继承了这个特征，整体长着一层美丽的毛。叶子前端有红色尖。

红稚莲
Echeveria 'Minibelle'

原生地：园艺改良品种
生长期：夏季
大　小：直径约 4 厘米

特征　枝茎直立向上生长。叶片小，呈略微粗糙的莲花状排列。叶片下部呈绿色，前端越往尖部越红，甚是美丽。有时会生出子株，和其他景天属植物一样，可以通过枝插与叶插的方式繁殖。

大和锦
Echeveria purpusorum

原生地：墨西哥
生长期：夏季
大　小：直径约 5 厘米

特征　无直立茎，从根部直接生出几层叶片。叶片为三角形，呈美丽的莲座状排列。颜色为深绿色，叶背有紫红色的花纹，叶缘也是同样的紫红色。

芙蓉雪莲
Echeveria 'Laulindsa'

原生地：园艺改良品种
生长期：夏季
大　小：直径约 5 厘米

特征　为"雪莲"（*E.laui*）和"林赛"（*E.lindsayana*）杂交育成的园艺改良品种。雪莲整体为白色，林赛的叶尖为红色。叶片上像覆了一层白粉，十分漂亮，叶片厚而圆。

丽娜莲
Echeveria lilacina

原生地：	墨西哥
生长期：	夏季
大　小：	直径约 15 厘米

特 征　叶片为平滑的匙状，中间凹下，前端有尖。颜色为极为细致的淡紫色，覆白粉，十分漂亮。直径会长到 15 厘米。因为枝茎不怎么生长，所以叶插比较利于繁殖，冬天注意温度不能到零下。

莱斯利
Echeveria cv.

原生地：	园艺改良品种
生长期：	夏季
大　小：	直径约 5 厘米

特 征　枝茎部直立向上，叶片紫红色，但不是呈莲座状。叶片为肥厚且略细长的剑形。也有一种叶片为绿色，叶尖为红色的改良品种叫"戴伦"（*E.*'Deren Oliver'）。

白凤菊
Oscularia deltoides

原生地：南非
生长期：春季、秋季
大　小：高约 6 厘米

特征　是以欣赏花开为目的的"花物女仙"的一种，很久以前就为大家所熟悉。枝茎如细细的树木状，随着生长会分出许多枝。花瓣为白色带有粉红色条纹，冬季如果日照充足，春季花开得就旺盛。

子持莲华
Orostachys malacophylla ssp.
iwarenge var. *boehmeri*

原生地：日本
生长期：春季、秋季
大　小：直径约 2.5 厘米

特征　在北海道海岸附近的岩石处自然生长。是分布在东亚及东北亚的岩莲华中的一个品种，因为可以长出很多子株而得名。叶片颜色为淡绿色，下部为粉红色，呈莲座状排列。"金星"及"富士"为类似品种。

富士

Orostachys malacophylla ssp.
iwarenge 'Fuji'

原生地：日本	
生长期：春季、秋季	
大　小：直径约 7 厘米	

特 征 鲜绿色的叶片，边缘覆一圈白斑纹，很久以前就为大家所熟悉。叶片形状和"子持莲华"十分相似，呈莲座状，却不是卷起来的样子。直径 7 厘米左右。"金星"四周的那圈斑纹不是白色而是黄色。无论哪种，夏季都要注意遮阳。

卧牛

Gasteria armstrongii

原生地：南非	
生长期：春季、秋季	
大　小：直径约 8 厘米	

特 征 叶子颜色是深绿色，不华丽，但是形态独特，一直以来深受多肉爱好者的欢迎。硬质的厚叶片呈左右交互对开状，生长速度很慢，因为不耐受直射阳光，所以夏天要注意遮阳。

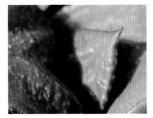

白肌卧牛
Gasteria glomerata

原生地：南非	
生长期：春季、秋季	
大　小：直径约 4 厘米	

特征　叶片表面很光滑，鲜艳的绿色上面覆着一层白色。与其他鲨鱼掌属类植物相同，耐寒耐暑，但是要避开夏季的高温多湿。容易生出子株，因此群生的比较多。根部为长长的直根，所以最好种入深盆中。

富士子宝
Gasteria 'Fuji-Kodakara'

原生地：南非	
生长期：春季、秋季	
大　小：直径约 12 厘米	

特征　厚如牛舌般的叶片，左右交互对生。此种为有白色小斑纹的品种。还有同样有白色斑纹，但是叶片为红色的品种，叫"赤春莺峙"（*G.batesiana* 'Rubrifalia form'）。

群牛
Gasteria sp.

原生地：南非
生长期：春季、秋季
大　小：直径约 12 厘米

特征　与同为鲨鱼掌属的"卧牛"相比，偏窄的叶片以及群生的形态十分有趣。叶片颜色是偏黑的绿色，前方尖锐如指甲一般。图片中的这棵是有许多子株的小型群牛。

掌上珠
Kalanchoe gastonis-bonnieri

原生地：马达加斯加
生长期：夏季
大　小：直径约 15 厘米

特征　薄薄的叶片如扇子那样向四方展开。叶缘有锯齿，淡绿色叶片上有横纹图案，全体覆有一层白粉。比较耐暑，但耐寒性弱，所以冬季应早点搬入室内，避免放在零下 8℃以下的环境中。

玉吊钟
Kalanchoe fedtschenkoi

原生地：马达加斯加
生长期：夏季
大　小：高约 20 厘米

特 征　叶片扁平，叶缘有锯齿，这些椭圆的叶子附在立起来的枝茎上。茎高约 20 厘米。图片上这棵处于秋季至冬季的干燥期，叶片变红。还有一种有斑点的品种，叫"玉吊钟锦"。

仙女之舞
Kalanchoe beharensis

原生地：马达加斯加
生长期：夏季
大　小：高约 25 厘米

特 征　直立的枝茎上附着天鹅绒状的叶片。叶片有大大的卷边，叶缘染有红褐色，会长得很大。近似品种有"獠牙仙女之舞""艳叶仙女之舞"等园艺改良品种。

月兔耳

Kalanchoe tomentosa

原生地：马达加斯加
生长期：夏季
大　小：高约 13 厘米

特 征　是伽蓝菜属当中最有人气的品种之一。细长椭圆形的叶子上覆满天鹅绒般的白毛，让人不由联想到兔子耳朵。叶片前端有锯齿，颜色呈深红褐色。生长两年左右后，枝茎会立起来并且分枝。

唐印

Kalanchoe thyrsiflora

原生地：博兹瓦纳、南非
生长期：夏季
大　小：直径约 15 厘米

特 征　覆有白粉的绿色叶片顶端为红色。图片上的这株是秋季或冬季时拍摄的，因为日照条件好，所以到叶根附近都变成了红色。叶形为立起来的扁圆形，直径约 15 厘米。早春时会开出黄花。

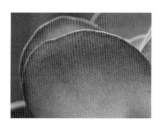

宽叶不死鸟
Kalanchoe sp.

原生地：马达加斯加
生长期：夏季
大　小：直径约 5 厘米

特征　匙形叶片，基部为鲜艳的黄绿色，有层次地向外侧扩展，叶缘部被染成粉红色。伽蓝菜属植物中很多种类叶缘会长出小芽（子株）。这张图片中也有许多小芽落下。

白银之舞
Kalanchoe pumila

原生地：马达加斯加
生长期：夏季
大　小：高约 6 厘米

特征　扁平椭圆的叶片，边缘有很多漂亮的锯齿。淡绿色的叶片有一部分被淡淡染红，整体附着一层天鹅绒状的毛。随着生长，枝茎会立起，并生出许多叶片。还有一种叶片为红色的品种，叫"蝴蝶之舞"。

不死鸟锦

Kalanchoe 'daigremontiana f.variegate'

> 原生地：马达加斯加
> 生长期：夏季
> 大　小：高 10~50 厘米

特　征 别名"极乐鸟织锦"。绿色的细长叶片周边排满深红色的小锯齿。叶缘长着很多小芽。小芽落到土中后就会在那里开始繁殖。枝茎直立，随着生长，高度最高可以达到 50 厘米。

魅惑彩虹

Kalanchoe humilis

> 原生地：坦桑尼亚、莫桑比克
> 生长期：夏季
> 大　小：直径约 40 厘米

特　征 大大的匙形叶片，呈十字交叉形排列，附在直立的粗枝茎上。淡黄绿色的叶片上面布满了令人惊艳的红色横纹。耐寒性不强，冬天要挪入室内，注意保暖。

白姬之舞
Kalanchoe marnieriana

原生地：马达加斯加
生长期：夏季
大　小：高约 15 厘米

特 征　与"唐印"相似的扁平圆叶，附在直立的枝茎上。叶片颜色为淡绿，叶边染着红色。整体像覆着一层白粉，美丽细腻。从秋季至冬季这一时期，如果日照适当的话颜色会相当美丽。

千兔耳
Kalanchoe millotii

原生地：马达加斯加
生长期：夏季
大　小：高约 6 厘米

特 征　直立向上生长的枝茎上，生有大量叶片，淡淡的绿色，叶缘呈细细的锯齿状，整体附有一层天鹅绒状的白毛，给人一种非常柔软可爱的印象。近年来，这种看起来像手工艺品一样的多肉植物特别受欢迎。

扇雀

Kalanchoe rhombopilosa

原生地：马达加斯加
生长期：夏季
大　小：高约 6 厘米

特　征　叶片是细长的扇形，叶前端有细小的锯齿。图片中的扇雀的嫩叶是绿色的，其余叶片呈深茶色，没有斑纹。另外，也有叶片是绿色外覆盖灰色的品种，还有带斑纹的品种。

碧雷鼓

Xerosicyos danguyi

原生地：马达加斯加
生长期：春季、秋季
大　小：长 50~80 厘米

特　征　那些长长后垂下来的茎上，叶子都是像扇形鼓那样的形状，颜色为深绿色，由此得名。叶片直径为 4 厘米左右。茎可以长到 50 厘米以上，前端像胡须一样卷着。枝插繁殖。

龙宫城
Crassula 'Ivory Pagoda'

原生地：园艺改良品种
生长期：夏季
大　小：直径约 3 厘米

特 征　青锁龙属是分布在南非到东非，以及马达加斯加的一个大属，同属内的多肉植物也是形态各异、变化多端的。本种为"神刀"（*C.perfoliata var.falcata*）和"纪之川"（*C.*'Moon Glow'）的杂交品种。

茜之塔
Crassula tabularis

原生地：非洲西南部
生长期：夏季
大　小：高约 5 厘米，直径约 15 厘米

特 征　向四周扩展的小三角形的叶片，稠密重叠地生长着。整体为暗红色，是青锁龙属非常美丽动人的人气品种。图片中的这棵茜之塔，花茎伸了出来。另外，随着生长会变成群生状态，植株直径会长到15厘米左右，枝茎高度约5厘米。

知更鸟

Crassula arborescens 'Bluebird'

原生地:	南非
生长期:	夏季
大　小:	高约 15 厘米

特 征　好似覆着一层白粉的大叶片形如大匙。叶边染着很特别的红色，十分漂亮。和它最相似的品种是"醉斜阳"（*C.atropurpurea* var. *watermeyeri*）。

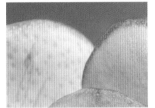

赫丽

Crassula corymbulosa

原生地:	南非
生长期:	夏季
大　小:	直径约 5 厘米

特 征　叶片较厚，细长形，和"尖刀"（*C.perfoliata*）等品种比较相似。不过赫丽除了叶根处保留黄绿色，叶子整体都为火红色。叶片呈莲座状排列。

纪之川

Crassula 'Moon Glow'

原生地:	园艺改良品种
生长期:	夏季
大　小:	直径约 40 厘米

特 征 在青锁龙属植物中,像这样三角形的厚叶片密密地重叠起来的品种很多。本种为很久以前就被栽培的"稚儿姿"(*C.deceptor*)和"神刀"(*C.perfoliata* var. *falcata*)的杂交品种。

方塔

Crassula 'Buddha'S Temple'(*C.* 'Kimnachii')

原生地:	园艺改良品种
生长期:	夏季
大　小:	高约 10 厘米

特 征 为"神刀"和"方鳞绿塔"(*C.pyramidalis*)的杂交品种。造型独特,状如宝塔。三角形叶片,叶尖朝上,非常紧密地重叠着。

银狐之尾
Crassula mesembryanthoides

原生地：南非、坦桑尼亚
生长期：夏季
大　小：高约 6 厘米

特 征　香蕉状的小叶子，每一片都长满密密的白毛，呈群生状态。单种那么一小盆也很耐看。青锁龙属植物形态多样，这一款就是比较独特的品种。

筒状花月
Crassula ovata 'Golam'

原生地：园艺改良品种
生长期：夏季
大　小：高约 10 厘米

特 征　长在枝茎上的叶子为筒状，叶顶端像被截断一般，呈红色。为"玉树"（*C.ovata*）（也被称为"花月"）的改良品种，"玉树""红花月""霍比特人"等形状不同，但都是近似品种。

天堂心
Crassula cordata

原生地：南非、坦桑尼亚	
生长期：夏季	
大　小：高约 10 厘米	

特征　向上生长的枝茎上，是与"圆刀"（C.cotyledonis）相似、微圆的匙状小薄叶片。淡绿色的叶片四周以及叶背面呈粉红色，十分美丽。图中的天堂心是没有斑点的，也有带茶色小斑点的品种。

锦乙女
Crassula sarmentosa

原生地：南非	
生长期：夏季	
大　小：高约 10 厘米	

特征　向上的枝茎上，薄薄的叶片交互生长。叶片颜色为绿色、黄色相间。叶缘有细小的锯齿，微微透着粉红色。耐寒性弱，但霜降前都可以放在户外，色泽会变得更加艳丽。

舞乙女

Crassula 'Jade Necklaca'

原生地：园艺改良品种
生长期：夏季
大　小：茎长约 10 厘米

特 征　小三角形的叶片交互生长，密实紧凑地重叠着，形成细长的穗形。每一片叶子的基部都是黄绿色，尖端则为粉红色，尤其是嫩叶，这种规律尤为明显。此种为"神刀"（*C. ferfoliata* var. *falcata*）与"数珠星"（*C.rupestris* ssp.*marnieriana*）的杂交品种。

神刀

Crassula perfoliata var. *falcate*

原生地：南非
生长期：夏季
大　小：直径 20~25 厘米

特 征　"尖刀"（*C.perfoliata*）的近似品种。叶片为绿色，覆一层白粉，状如刀形，向左右伸开。叶片一边繁殖一边向上生长，高度可达30厘米以上。强健，好养。夏季，会从株体的中心部伸出花茎，绽放红花。

神童

Crassula cv. 'Spring Time'

原生地：	园艺改良品种
生长期：	夏季
大　小：	直径约 3 厘米

特 征　立着的枝茎上长着细长的椭圆形厚叶片，叶片为十字交叉状，但是重叠得不是十分紧密。叶基为深绿色，叶缘及叶片前端为红色。晚秋时尽可能放在室外，这样红色会变得更鲜艳，但是小心不要落霜。

青锁龙

Crassula muscoso

原生地：	南非
生长期：	夏季
大　小：	高约 10 厘米

特 征　很多黄绿色的细枝会不断分枝。极度细小的叶子紧密无缝地重叠着，有着不可思议的质感。如果不想让它长得太高，可以通过反复切顶的方式来达到整体茂盛的感觉。

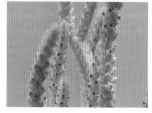

大扇月
Crassula cv.

原生地：	园艺改良品种
生长期：	夏季
大　小：	高约 9 厘米

特 征　与"神童"相似，但是本种叶片稍薄，颜色为黄绿色，感觉更细腻。叶缘与叶片前端也是红色。为了不让它徒长，要注意日照及通风，以及控制浇水和施肥。

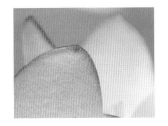

星王子
Crassula conjuncta

原生地：	南非
生长期：	春季、秋季
大　小：	直径约 40 厘米

特 征　与"舞乙女"十分相似，但是本种稍大。每一片叶子叶缘都被染成紫红色，十分美丽。随着生长枝干会分枝。夏季要控制浇水，冬季要保持温度在 3℃以上。注意日照和通风。

南十字星
Crassula perforata var. *variegate*

原生地：南非
生长期：春季、秋季
大　小：高 7~20 厘米

特征 与"星王子"相似，但外形稍小。生长高度可达 20 厘米。叶缘同为紫红色。因为跟"星王子"相比的话不是那么容易分枝，所以可以通过切顶的方式使其群生。

星公主
Crassula cv.

原生地：园艺改良品种
生长期：夏季
大　小：直径约 2 厘米

特征 细长的椭圆形叶片，叶前端有点尖，密密地重叠着，但是没达到一点缝隙也没有的程度。全体呈鲜红色，但是因为覆着的那层白粉，使其给人一种柔和可爱的感觉。群生，枝茎立不起来，匍匐在地，横向伸展。

若歌诗

Crassula atropurpurea 'Rogersii'

原生地：南非、纳米比亚
生长期：夏季
大　小：高约 10 厘米

特征 分枝后直立向上生长的枝茎上长着鲜绿色的叶子。叶片形状像豆子，圆鼓鼓的。青锁龙属植物整体说来，形态都不复杂，但很可爱。也有叶片周边为红色的品种。

吕千绘

Crassula 'Morgan's Beauty'

原生地：园艺改良品种
生长期：春季、秋季
大　小：直径约 5 厘米

特征 厚厚的圆叶片重叠着，大致呈十字交叉形生长。颜色为鲜绿色，好像覆着一层白粉。到春天时，会从植株的中心开出红色的花朵。这种叶片重叠，个头又比较低矮的植物，下部的叶片很容易受伤，所以要注意不要淋雨。

若绿

Crassula lycopodioides var.
pseudolycopodioides

原生地：南非、非洲西南部
生长期：夏季
大　　小：高 10~30 厘米

特征　与"青锁龙"十分相似，本种颜色更偏黄绿。任由生长的话，高度能达 30 厘米，如果切顶，让高度保持在 10 厘米左右的话则更加美观。缺乏日照的话容易徒长。秋天会开出十分小的黄色花朵。

胧月

Graptopetalum paraguayense

原生地：墨西哥
生长期：夏季
大　　小：高 10~30 厘米

特征　立起的枝茎上是莲座状的厚叶片。叶片为淡粉色，覆有白粉，给人朦胧的印象。耐寒耐暑，很好养，也容易群生。随着生长，枝茎高可达 30 厘米。

秋丽

Graptopetalum cv.

原生地：园艺改良品种
生长期：夏季
大　小：直径约 5 厘米

特 征　据说是用风车草属的"胧月"和景天属的"乙女心"杂交出来的品种。本种叶片颜色比较淡，覆着一层白粉，给人纤柔细致的感觉。叶子较厚，呈细长的椭圆形，长在立起的枝茎上。

姬胧月

Graptopetalum Paraguayensis 'Bronz'

原生地：园艺改良品种
生长期：夏季
大　小：直径约 3 厘米

特 征　群生，立起的枝茎上，三角形的小叶片呈莲座状排列。枝茎会朝各个方向生长（无规律生长）。少浇水，注意保持日照和通风的话，颜色会更鲜艳。

白牡丹
Graptoveria 'Titubans'

原生地：园艺改良品种
生长期：春季、秋季
大　小：直径约 4 厘米

特征　风车草属和拟石莲花属杂交的园艺改良品种。白色的植株呈莲座状，不会长得很大。叶片肉厚且有透明感，叶顶端有尖儿，呈微红色，十分美丽。枝茎是立着的。

黛比
Graptoveria 'Debby'

原生地：园艺改良品种
生长期：春季、秋季
大　小：直径约 8 厘米

特征　风车草属和拟石莲花属杂交的园艺改良品种。非常漂亮的紫红色显得那么与众不同。叶片肉厚且有叶尖，呈莲座状排列。种植一段时间后会长出子株。少浇水，注意日照和通风的话，颜色会更艳丽。

青莎
Cotyledon elisae

原生地：南非
生长期：夏季
大　小：直径约 4 厘米

特　征　叶片比较厚，圆鼓鼓的如豆子。这样的叶形与同为银波锦属的"福娘"（*C.orbiculata*'Oophylla'）十分相似。叶片为鲜亮的黄绿色，叶缘则呈深红褐色，十分漂亮。

银波锦
Cotyledon orbiculata 'Undulata'

原生地：南非
生长期：春季、秋季
大　小：高约 15 厘米

特　征　扁平的叶片，四周有细细的波浪边。叶片长在立起的粗枝茎上。虽是绿叶，但是因为上面那层白粉很重，所以看起来像银白色。随着生长，茎基部会长出子株。为了不伤到叶子，应避免直射光和淋雨。耐寒性比较差。

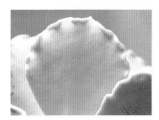

熊童子

Cotyledon tomentosa ssp. *Ladismithensis*

原生地：南非
生长期：春季、秋季
大　小：高约 10 厘米

特 征　叶子形状似熊掌，由此得名。呈鲜绿色的厚叶片全体覆盖着一层细绒毛。叶前端有锯齿，并呈红褐色，看起来很可爱。枝茎立起。是人气很高的品种。

福娘

Cotyledon orbiculata 'Oophylla'

原生地：园艺改良品种
生长期：夏季
大　小：高 10~15 厘米

特 征　绿色的叶片因为覆着白粉，看起来几乎为雪白色，叶前端的那一条深粉红色的线，显得格外美丽动人。叶厚且细长，形如果冻豆，很有人气。原种为"新嫁娘"。

玉彦

Conophytum flavum

原生地：南非
生长期：冬季
大　小：直径约 1.5 厘米

特　征　番杏科肉锥花属的植物具有独特的形态，玉彦就是它们中的一员。不仅有球状，还有圆筒状以及头部分裂为两个半球的形状。本种为球状，整体呈深绿色，上部略平。

灯泡

Conophytum burgeri

原生地：南非
生长期：冬季
大　小：直径约 1.5 厘米，高约 1.5 厘米

特　征　别称"富士山"。绿褐色，稍扁的球形，图片里的这棵还没长大，有透明感。肉锥花属植物冬季为生长期，对夏季高温多湿的环境适应力比较弱，因此白天要遮光，尽可能放在通风良好的地方，并控制浇水。

滇石莲
Sinocrassula yunnanensis

原生地：中国
生长期：春季、秋季
大　小：直径约 4 厘米

特 征　原产于中国的多肉植物，别名"四马路"。许多小小的香蕉形厚叶组成了莲座状。颜色为深绿色，有红褐色的花纹。石莲属植物当中还有原产于印度的"石莲"（*S.indica*）等。

鸟舟
Schwantesia triebneri

原生地：南非
生长期：冬季
大　小：直径约 8 厘米

特 征　肉质感很强的番杏科植物，但是状卵玉属主要用来观赏花朵，所以有时会被归类为"花物女仙"。棱角鲜明的叶片为绿色，覆着白粉，十分漂亮。叶片前端有锯齿。夏天注意遮光，控制浇水。

断崖女王

Sinningia leucotricha

原生地：巴西
生长期：夏季
大　小：直径约 15 厘米

特　征　根部肥大，为肉质根块，以便于积蓄水分。很久以前就为山野草爱好者所知。根块的直径为 15 厘米左右。绿色叶子上有一层天鹅绒状的白毛，因此整体看起来泛白。开深橘黄色的花。冬天注意少浇水。

黄丽

Sedum adolphii

原生地：园艺改良品种
生长期：夏季
大　小：直径 4~5 厘米

特　征　偏厚的叶片与其说是黄绿色，倒不如说是黄色。尖尖的叶子前端染上橘黄色，日照充足的话颜色会更浓。立起的枝茎上是莲座状叶片。莲座直径为 4~5 厘米，枝茎高可达 10 厘米以上。

虹之玉锦

Sedum rubrotinctum 'Aurora'

原生地：墨西哥
生长期：夏季
大　小：茎长约 7 厘米

特 征　此种有花纹，"虹之玉"（*S.ru-brotinctum*）的锦化品种，枝茎是立起来的，但是长大后会成为一种毫无章法的姿态。如果放在通风好、阳光充足的地方，颜色会变浓，整体会呈现鲜艳的粉红色。

乙女心

Sedum pachyphyllum

原生地：墨西哥
生长期：夏季
大　小：直径约 4 厘米

特 征　立起的枝茎上，密实地长满香蕉形的小叶子，叶前端染着一抹红色，是很漂亮的人气品种。日照充足的话颜色更浓。植株的直径约为 4 厘米，高度可达 20 厘米左右。不能用叶插繁殖，只能采用枝插的方法。

小松绿

Sedum multiceps

原生地：南非
生长期：夏季
大　小：高约 12 厘米

特 征 细细的枝茎长得高高的，茎上有密集的叶子。叶子像松针那样细细的，呈绿色。图片上这棵小松绿，呈群生形态，长长的枝茎向四面乱伸。可以在制作多肉拼盘时好好利用这种姿态。

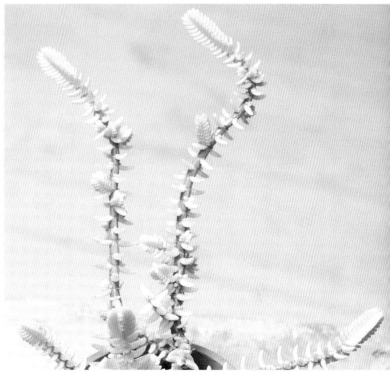

鲁本

Sedum Rubens

原生地：墨西哥
生长期：夏季
大　小：高约 12 厘米

特 征 和"虹之玉"及"乙女心"等相似，有很多小小的、比橄榄细长一点的叶片，堆积在立起的枝茎上。叶片颜色为通透的黄绿色，有的叶尖带有一点红色。茎部柔软呈红褐色，长长后会匍匐在地。

玉缀

Sedum morganianum

原生地：墨西哥	
生长期：夏季	
大　小：茎长 20~30 厘米	

特征　景天属中的一员，叶片紧密生长于长长的枝茎上，这种姿态最为常见。本种绿叶覆白粉，枝长超过20厘米，呈下垂状。还有一种看起来比较相似，但是叶前端稍圆的品种，叫"新玉缀"（*S.burrito*）。

珊瑚珠

Sedum stahlii

原生地：墨西哥	
生长期：夏季	
大　小：高约 12 厘米	

特征　枝茎是立起来的，但是长到一定长度后会垂下。和"虹之玉锦"一样，长着很多卵状叶子。叶子颜色为深葡萄色，都集中长在长茎的前端，看起来就像果实一样。

天使之泪
Sedum treleasei

原生地：墨西哥	
生长期：夏季	
大　小：高约 8 厘米	

特 征　图中这棵天使之泪因为栽培时间短，所以枝茎较短，群生后长长的枝茎会立起来，然后再下垂。叶形为较饱满的卵形，颜色为通透的黄绿色，有种惹人怜爱的美。叶子分别朝向植株中心生长，略微弯曲。

虹之玉
Sedum rubrotinctum

原生地：墨西哥	
生长期：夏季	
大　小：茎长 10~15 厘米	

特 征　景天属中最为人所熟知的一个品种。植株小小的，一株的直径为3厘米左右，枝茎生长后高度可达10~15厘米。长大后会毫无章法地向四面八方生长。日照充足，少浇水的话，在冬季会呈现红色。

春萌
Sedum 'Alice Evans'

原生地：墨西哥
生长期：夏季
大　小：直径约 5 厘米

特征　很多略微扁平的细长叶片向内侧卷曲着。从上方看植株呈莲座状。颜色为美丽通透的黄绿色，叶尖有一抹红色，十分漂亮。枝茎开始是向上生长的，不久就会垂下来。

丸叶松绿
Sedum lucidum 'Obesum'

原生地：墨西哥
生长期：夏季
大　小：高约 7 厘米

特征　厚实的叶片，呈扁圆的果冻豆状。颜色为黄绿色，图中这棵的顶端有一点红色，如果日照充足、通风好的话红色部分还会增加。枝茎长不长，群生。

铭月

Sedum adolphi 'Golden Glow'

原生地：墨西哥
生长期：夏季
大　小：高约 8 厘米

特 征　叶片细长稍平，从上边看呈漂亮的莲座状排列。颜色为黄绿色带光泽，叶缘晕染着红色。到了秋季，空气变干燥时，如果保持充足的日照的话，叶片会变得更红。叶插枝插繁殖均可。

八千代

Sedum allantoides var.

原生地：墨西哥
生长期：夏季
大　小：高约 12 厘米

特 征　长长的枝茎是立起的，上部聚集了很多小叶子。和很多景天属植物一样，叶子为惹人怜爱的果冻豆状。颜色是黄绿色，前端被染成红色。高温多湿时期，淋雨会伤到叶片，应搬到室内。

群月冠
Sedeveria cv.

原生地：园艺改良品种
生长期：夏季
大　小：直径约 3 厘米

特　征　景天属和同为景天科的拟石莲属的杂交品种，属于群生类型。小小的叶子密生重叠着，十分漂亮。叶片为通透的绿色覆着一层白粉。叶前端尖出的地方带着一点红。与"静夜"十分相似。

蓝色天使
Sedeveria 'Fanfare'

原生地：园艺改良品种
生长期：夏季
大　小：直径约 5 厘米

特　征　景天属和同为景天科的拟石莲属所杂交出来的园艺改良品种。枝茎直立向上，群生。叶子细长，叶前端很尖，带一点红色。很多叶子呈莲座状生长，长大后会很耐看。

银月
Senecio haworthii

原生地：南非
生长期：春季、秋季
大　小：高约 20 厘米

特征　叶片较多，呈细长的香蕉形。叶片表面整体覆盖着一层白色绒毛，是十分漂亮可爱的人气品种。图中这一棵为单株，随着生长会从根基部长出很多子株变成群生状态。不适应高温多湿的环境，冬季的低温也要避免。

七宝树
Senecio articulatus

原生地：南非
生长期：春季至秋季
大　小：高 20~30 厘米

特征　圆柱状的强健枝茎，颜色呈青绿色，上部有卷起的菱形小叶片，姿态独特。叶片有时呈深青紫色，有时呈粉红色。枝茎上有几处节间，长大后高度可达 20~30 厘米。繁殖的话，从节间处切下一段用来做枝插。

蓝松
Senecio serpens

原生地：南非
生长期：夏季
大　小：高约 10 厘米

特　征　很多细长的厚叶子长在枝茎上。叶子的形状与"银月"相似，叶背圆鼓，叶面较平。颜色为深绿色覆白粉。枝茎群生。相似品种有"筒松"（*S.talinoides* ssp.*cylindricus*）。

蓝月亮
Senecio antandroi

原生地：马达加斯加
生长期：春季、秋季
大　小：高 10~15 厘米

特　征　与"蓝松"相似，不过小叶子更稠密，长在立起的枝茎上部。叶子全部朝上生长。随着生长枝茎高度可达 15 厘米。如果浇水太多的话叶子之间会比较疏离。不抗寒，也要避免高温多湿。

悬垂千里

Senecio jacobsenii

原生地：肯尼亚、坦桑尼亚
生长期：春季、秋季
大　小：茎长约 20 厘米

特 征 长长的枝茎上排满了扁平的椭圆形叶片，姿态独特。枝茎和叶片都呈黄绿色，但是叶前端呈现出鲜明的粉红色。和"蓝月亮"同属非洲原产的千里光属植物，但形态完全不同。

长生草

Sempervivum Camelot

原生地：欧洲中部至俄罗斯的山岳地带
生长期：春季、秋季
大　小：直径约 5 厘米

特 征 长生草属的一种，在欧洲中部至俄罗斯的山岳地带分布的多肉植物。小三角形的叶片密生着，呈细致的莲座状排列，是很受大家欢迎的品种。本种的叶片为鲜绿色，周边有子株。

卷绢

Sempervivum arachnoideum

原生地：欧洲中部至俄罗斯的山岳地带
生长期：春季、秋季
大　小：直径约 3 厘米

特征　与其他长生草属一样，非常抗寒，自古以来，即使在日本，也会在室外栽培。本种子株繁殖后会形成大群落。深绿色的叶子尖端呈紫色，并生有白色绵毛，在莲座状植株的中心处连接着。

天女

Titanopsis calcarea

原生地：南非
生长期：冬季
大　小：直径约 10 厘米

特征　属于"玉形女仙"的一种。三角柱状的叶子呈深绿或褐色，叶端部有小疙瘩。长大后直径可达 10 厘米左右。秋天开黄花。近似品种有叶子为棕色的"天女扇"（*T.hugo-schlechteri*）。

龟甲龙
Dioscorea elephantipes

原生地：南非
生长期：冬季
大　小：直径 20~25 厘米

特 征　大部分多肉植物，都是欣赏因为大量积蓄水分而变得肉感十足的叶子的，不过也有欣赏根部肥大块茎的品种。本种的块茎是龟裂成六角状的瘤块，状似龟壳，因此得名。别名"蔓龟草"。

丽晃
Delosperma cooperi

原生地：南非
生长期：春季、秋季
大　小：茎长 10~20 厘米

特 征　很强健的女仙类植物，主要以欣赏开花为目的而栽培的。杆状的绿叶子，植株矮小，长势旺盛。紫红色的花从春天到初秋，一直盛开。十分耐寒，但要避免高温多湿。

紫晃星
Trichodiadema densum

原生地：南非
生长期：冬季
大　　小：直径约 10 厘米

特征　肥厚的小叶子群生着。每片叶子的叶尖处都有柔软如汗毛一般的花刺，触感细腻独特。植株直径约 10 厘米，会开出直径 2.5 厘米左右的紫红色花。同属还有"姬红小松"（*T.bulbosum*）等品种。

眉刷毛万年青
Haemanthus albiflos

原生地：南非
生长期：冬季
大　　小：叶长约 20 厘米

特征　又名"虎耳兰"。幅宽约 5 厘米的片状叶子对向生长，可以长成 20 厘米长。粗茎长长后会开花。相似品种有"赤花虎耳兰"（*H.coccineus*），夏天的休眠期会落叶。

玉露
Haworthia cooperi

原生地：南非
生长期：夏季
大　小：直径约 1.5 厘米

特 征 原产于南非的十二卷属植物，品种丰富，变种及园艺品种繁多，常见的有姬玉露、白斑玉露等，姿态变化多端，为多肉植物的一大组成部分，具有很旺的人气。其圆润剔透的叶子尤其美丽。

玉扇
Haworthia truncata

原生地：南非
生长期：夏季
大　小：直径约 5 厘米

特 征 立起来的厚叶，上面仿佛被切过一样，这里称之为"窗"。"窗"用来采光，形成光合作用。顶端有白色花纹，变化多端。类似品种有"紫勋""雪国万象""巨凤"等。

黑蜥蜴
Haworthia reinwardtii var.*tenvis*

原生地：南非	
生长期：夏季	
大　小：茎长约 15 厘米	

特征　如其名，叶子像爬行动物蜥蜴的皮肤一样生有小刺，坚硬有光泽，顶端很尖锐。这样的叶子围绕着茎呈轮状排列，并向上生长。群生的茎直立起来，然后又横向倒下。在十二卷属植物中，有若干此类品种。

五重塔
Haworthia viscosa var.

原生地：南非	
生长期：夏季	
大　小：高约 6 厘米	

特征　细长的三角锥状叶子，交叠着形成莲座状。叶子是深绿色。还有几种相似形态的品种，有叶子颜色为鲜绿色或褐色的，也有叶片表面有小刺的或带花纹的。

十二卷

Haworthia fasciata

原生地：	南非
生长期：	夏季
大　小：	直径 4~5 厘米

特 征　自古以来就为大家所熟悉的十二卷属的代表品种。叶片细长，叶端很尖，并且生有白色条纹。不耐直射光，所以冬季以外需要遮光。目前在原种十二卷的基础上培育出了各种各样的园艺改良品种。

青鸟寿

Haworthia retusa cv.

原生地：	园艺改良品种
生长期：	夏季
大　小：	直径约 8 厘米

特 征　三角柱状的叶子向四周生长，从上方看呈莲座状。叶子颜色为深绿色并有透明感，隐约能看到直脉状白色条纹。叶表光滑，没有"十二卷"特有的锯齿（肉芽）。

条纹十二卷
Haworthia fasciata f. *variegate*

原生地：南非	
生长期：夏季	
大　小：直径约9厘米	

特征　十二卷属中有花纹的品种。同样是叶子前端细细尖尖的，呈群生状态，叶子有白色条纹。本种的颜色接近黄绿色。换盆及分株的时候，使用湿润的培育土快速栽培，避免根部干燥。

龙城
Haworthia viscosa

原生地：南非	
生长期：夏季	
大　小：高约8厘米	

特征　茎部是向上立起的，三角形的叶片像爪尖一样，交错着向上生长。叶片颜色为深绿色并有厚重感，表面比较粗糙。尖尖的叶端和其他十二卷属植物相同，但是茎部向上生长的这个特点就比较少见。

水晶掌

Haworthia cv.

原生地：园艺改良品种
生长期：夏季
大　小：直径约 8 厘米

特 征　鲜亮的黄绿色叶子为三角形，呈莲座状排列。叶子有独特的透明感，以及多肉植物特有的质感，观赏价值很高。图中这一棵生有子株。与"水晶寿"（*H.geraldii*）的外形十分相似。

万象

Haworthia maughanii

原生地：园艺改良品种
生长期：夏季
大　小：直径约 5 厘米

特 征　十二卷属的植物，在外形上稍有不同就可能是不同品种，而有的即使形态完全不同，也可能是同属的植物。"万象"和"玉扇"外形就十分相似，都是平顶带白色花纹，但是栽培方法则与华丽的"十二卷"相同。

紫丽殿
Pachyphytum cv.

原生地：园艺改良品种
生长期：夏季
大　小：直径约 5 厘米

特征　在品种繁多的景天科植物当中，厚叶草属所占比例不大。叶子圆鼓鼓的十分可爱，属于人气一族。本种的叶子为前端稍尖的果冻豆形，如其名，整体呈美丽的紫色。

星美人
Pachyphytum oviferum

原生地：墨西哥
生长期：夏季
大　小：直径约 6 厘米

特征　叶子偏圆，颜色为绿色，染着粉红色，覆有一层白粉，看起来有点像奶油西点。随着生长，枝茎会立起来，呈群生状态。不抗寒，所以冬天尽早挪回室内，少浇水。相似的园艺改良品种有"月美人""樱美人"等。

奥珀而

Pachyveria cv. 'Opal'

原生地：园艺改良品种
生长期：夏季
大　小：直径约 8 厘米

特 征　厚叶草属和同属于景天科的拟石莲花属杂交的园艺改良品种。枝茎立起，片状叶子呈莲座状排列。叶子颜色为紫红色并覆有白粉。厚叶草属和拟石莲花属杂交的品种另外还有若干种。

马达加斯加棕榈

Pachypodium lamerei

原生地：马达加斯加
生长期：夏季
大　小：高约 1 米

特 征　树干变粗，在树干中积蓄水分的多肉植物。在树干上部的分枝，长着细长的绿叶。在略大一些的花器中种植。棒槌树属植物中还有"惠比须笑"（*P.brevicaule*）等品种。

圆扇八宝
Hylotelephium sieboldii

| 原生地：日本 |
| 生长期：夏季 |
| 大　小：茎长约 15 厘米 |

特征　别名"仙人宝"，自古以来作为盆栽就为大家所熟悉。群生的茎部是不分枝的，匍匐生长。枝茎上生长着直径 3 厘米左右的圆扇状叶片。叶片间隙粉红色鲜花盛开时十分美丽。适合在室外栽培。

火星人
Fockea edulis

| 原生地：南非 |
| 生长期：夏季 |
| 大　小：茎长约 25 厘米 |

特征　在球状的肥大根部积蓄水分的多肉植物。图中这一棵，巨大的根部有一半暴露在外面。块根的表面粗糙，有瘤状物。枝条会下垂，长得很长。初夏时开白花。

鸡蛋花

Plumeria rubra cv.'Acutifolia'

原生地：墨西哥
生长期：夏季
大　小：茎长约 1.2 米

特征 别名"印度素馨"（素馨指
茉莉），但是原生地为北美洲南部等地。
略微多肉质的茎部呈放射状，茎上有
薄薄的叶子。白色的花朵常用于制作
花环。开红花的品种叫"红鸡蛋花"。

花叶红雀珊瑚

Pedilanthus tithymaloides(varieg.)

原生地：墨西哥
生长期：夏季
大　小：高 70~80 厘米

特征 绿色的枝茎立起，群生，然
后会分枝。叶子为绿色。像本品种这
样很久以前作为盆栽被大家所熟悉的
多肉植物，其实也是很多的。只是至
今还有很多品种，我们并没有意识到
它们其实是多肉植物。

雅乐之舞
Portulacaria afra(varieg.)

原生地：南非、莫桑比克	
生长期：夏季	
大　小：茎长 30~40 厘米	

特征　略厚的小圆叶子长在棕色的枝茎上。图中这一棵的枝干是朝旁边横向生长的，但是在原生地它则是高达4米的大树。马齿苋属中没有斑纹品种叫"银杏木"，它的叶子是深绿色带有光泽的。耐寒性、耐暑性都不太强。

长叶紫镜
Massonia pustulata 'Longipes'

原生地：南非	
生长期：冬季	
大　小：直径约 8 厘米	

特征　偏厚的勺形大叶片左右对生。叶片纵向有筋，有微小的突起，上面生有细毛。这种独特的外形也是多肉植物所特有的。还有比本种叶片小一点的学名叫"紫镜"（*M.pustulata*）的品种。

珊瑚油桐

Jatropha podagrica

原生地：美国中部
生长期：夏季
大　小：高约 40 厘米

特征 有粗壮的块根。块根前端有短茎生出，上面长着深绿色的叶子，开红色的花朵。形态及花朵都很有观赏价值，是很久以前就作为盆栽被大家所熟悉的园艺品种。不抗寒，晚秋时尽早搬入室内。

常绿大戟

Euphorbia charalias L.

原生地：地中海西部沿岸
生长期：夏季
大　小：高约 60 厘米

特征 细长的枝干呈群生形态，高高直立着，上面长着绿色的叶子，外形宛如一棵小棕榈树，叶片稍厚有质感。常绿大戟一般不抗寒，晚秋时尽早搬入室内并控制浇水量。

地衣大戟
Euphorbia sp.

原生地：	欧洲南部
生长期：	夏季
大　小：	茎长约60厘米

特征　大戟属的种类很多，并且形态各异，本种的形态也是独特又可爱的。细长的枝茎匍匐着伸到花盆外面，枝端坚硬的三角形叶子密叠生长。不抗寒。

峦岳
Euphorbia abyssinica

原生地：	非洲东部
生长期：	夏季
大　小：	高约2米

特征　像柱子一样长得很高，像仙人掌一样会分枝，高度可以达2米以上，在原生地会长得更高大。与美国原产的仙人掌很相像，但是本品为非洲原产，茎干坚硬呈绿色，周围是坚硬的刺。

橄榄玉
Lithops olivacea

原生地：南非
生长期：冬季
大　小：直径约 3 厘米

特征　叶子顶部分成两部分，立起向上生长。鲜艳的绿色，有若干相似品种。生石花属植物从叶子裂缝中开出的鲜花显得有些突兀，看上去十分有趣。整体来说，它们对夏季高温多湿的环境不适应，所以要放在通风好的地方，不要浇水。

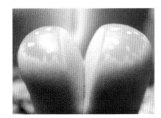

日轮玉
Lithops aucampiae

原生地：南非
生长期：冬季
大　小：直径约 5 厘米

特征　本种整体呈红褐色，顶部有黑色花纹。生石花属植物中外形相似，而花纹略微不同的品种很多，它们命名各不相同。搜集这些不同品种的生石花是十分有趣的。

福来玉
Lithops julii ssp. *fulleri*

原生地：南非
生长期：冬季
大　小：直径约 3 厘米

特征　本种与"丽彩玉"相似，但是整体颜色略微偏蓝，棕色的花纹，周边有一圈橘黄色。看上去像豆子的叶子，实际上是两边肉质叶子对生连接而成。一边生长，一边反复蜕皮，几年后会形成群生状态。

丽虹玉
Lithops dorotheae

原生地：南非
生长期：冬季
大　小：直径约 3 厘米

特征　生石花属在肉质感很强的玉形女仙类植物中占很大比例，很具有代表性。本种顶部裂开为两部分。顶部有独特的棕色花纹，细看，花纹中有红色细纹。图片中虽然只有两棵，但是随着生长，会变成群生状态。

IV 欣赏仙人掌图鉴

我们习惯于把属于仙人掌科的植物叫作"仙人掌"，它拥有与多肉植物相同的特性。目前被认定的大约有 5000个品种（包含园艺品种）。在这里，介绍大家欣赏 20 种颇有人气的仙人掌。

星兜
Astrophytum asterias

原产地：	墨西哥至美国得克萨斯州南部
生长期：	早春至秋季
大　小：	直径 6~10 厘米

特征　略扁的球形，有 8 条棱线，沿着棱线排列着点点刺座。从图片中可以看到，刺座周围排列着几何花纹状的白点，这些白点变化多端。随着生长，植株直径可达 10 厘米左右。注意使用排水性好的土以及保证日照时间。

※ 棱线即山脊状线

般若
Astrophytum ornatum

原产地：	墨西哥
生长期：	早春至秋季
大　小：	直径约 10 厘米

特征　有 8 条棱线，随着生长刺会连成行。为柱状，高度可达 1 米。没有白点的品种称为"青般若"，有点的称为"白般若"，棱线上有白筋的称为"白条般若"。

鸾凤玉

Astrophytum myriostigma

原产地：墨西哥北部及中部
生长期：早春至秋季
大　小：直径约 15 厘米，高约 50
　　　　厘米

特 征　茎干有5条棱线，立体的形态十分有趣。棱线上排列绵状刺座。开始为圆球形，随着生长变成圆柱状，高度会超过50厘米。茎干直径15厘米左右。要注意，如果用土排水性不够好的话很容易受伤。

金琥

Echinocactus grusonii

原产地：墨西哥
生长期：夏季
大　小：直径约 80 厘米，高约 1.3 米

特 征　金琥属的魅力在于它所拥有的坚硬大刺。金琥的大刺呈酷酷的黄色，是金琥属的代表品种，成长后直径最大可达 80 厘米左右，也有的会往高处长。金琥属健壮品种，但是冬天要放在零度以上的室温中。在直径长到 30 厘米以后会开花。

老乐柱
Espostoa lanata

原产地：秘鲁
生长期：春季至秋季
大　小：直径约 10 厘米

特征　本种为圆筒形的茎干，是全体覆盖着一层白色绒毛的品种。透过这层绒毛隐约可见绿色的茎干。从根基部会生出新的子株。老乐柱属里的"幻乐"（*E.melanostele*）也同样被白绒毛所覆盖，它还会露出金色的刺。

海王丸
Gymnocalycium denudatum var.

原产地：阿根廷东北部至巴西西南部
生长期：晚春
大　小：直径 6 厘米（个体差别较大）

特征　黄棕色的刺像缠绕在植株的表面一样，姿态独特，颇有人气。图片里的这棵海王丸稍微有点扁，慢慢会长得接近球形。整体颜色为鲜绿色，也有的会变成更深的颜色。需要遮光的同时，也需要长时间日照。

绯花玉

Gymnocalycium baldianum

原产地：阿根廷
生长期：春季至夏季
大　小：直径约 7 厘米

特征　不光株茎可观赏，所开的花也是十分具有观赏价值的。正如其名，它会绽放鲜艳的红色花朵，很有人气。每一株的上面都会开出很多花朵（多花型）。株茎为球形，比较小。每一刺座里大概有7根左右的细刺。避免暴晒，需要遮强光但也需要长时间的日照。

绯牡丹锦

Gymnocalycium mihanovichii var. *friedrichii* cv. 'Hibotan-Nishiki'

原产地：玻利维亚
生长期：春季
大　小：直径 8~9 厘米

特征　植株有清晰的棱线，鲜红的花纹，直径8~9厘米。带花纹的品种称为"牡丹玉"（*G.friedrichii*）。还有整体鲜红的品种，称为"绯牡丹"（*G.mihanovichii* var.*friedrichii* cv.'Hibotan'）。

黑丽丸
Sulcorebutia rauschii

原产地：玻利维亚
生长期：春季
大　小：直径约 3 厘米

特征　接近黑色，直径只有 3 厘米的小型株茎，上有斜格子状筋纹，刺不明显。会生出子株，群生。喜日照，但是日光过于强烈时应稍微遮光。冬季少浇水。

武蔵野
Tephrocactus articulatus

原产地：阿根廷
生长期：春季至夏季
大　小：直径约 3 厘米

特征　立起的株茎像是不规则疣状突起连起来一样，上面有细长的白刺，这样的外形会给人留下深刻的印象。和本种的刺相似的还有"昼之弥撒"（*T.articulatus* var.*papyracantha*）及"姬武蔵野"（*T.glomeratus*）。

银翁玉

Neoporteria nidus

原产地：智利
生长期：春季
大　小：直径约 15 厘米

特征　属于智力球属，南美产的球形品种与北美的球形种相比，植株略小。本种株茎为灰绿色，上面密生着黑、白、黄三色的刺。保证日照时间的同时要注意避免淋雨。

眩美玉

Notocactus uebelmannianus

原产地：巴西南部
生长期：春季
大　小：直径约 17 厘米

特征　一株上面会开许多花，花是鲜艳的粉红色，花瓣有光泽。是用来欣赏花的人气品种。株茎是稍扁的球形，颜色为深绿色且有光泽，细长的刺稀疏地覆盖着植株。直径可达 17 厘米。喜日照。

151

青王丸
Notocactus ottonis

原产地：巴西南部、乌拉圭、阿根廷
生长期：春季至夏季
大　小：直径约 7 厘米

特征　南国玉属的代表品种，株茎为鲜明的绿色，挺立的茶色刺，漂亮地排列在棱线之上。植株直径约 7 厘米。开黄色花。开红花的品种是"赤花青王丸"。无论哪种都喜日照。

绯绣玉
Parodia sanguiniflora

原产地：阿根廷北部
生长期：春季
大　小：直径 7~8 厘米

特征　多花型，花的直径 4 厘米左右，颜色为鲜红或者朱红，十分漂亮，自古以来就为大家所熟悉。株茎为直径 7~8 厘米的球形。花色美丽的锦绣玉属里面，还有开橘红色花朵的"锦绣玉"（*P.aureispina*）等很多品种。

天城

Ferocactus macrodiscus var.multiflorus

原产地：墨西哥
生长期：春季
大　小：直径约 30 厘米

特 征　强刺球属植物主要特征是带有奇特的刺，本种是强刺球属的代表植物。株茎可以成长为直径 30 厘米左右的大型种，很耐看。有纵向条纹的粉红色花朵十分美丽。

王冠龙

Ferocactus glaucescens

原产地：墨西哥
生长期：春季
大　小：直径 30~40 厘米

特 征　因为强刺球属、金琥属、绫波属都有尖锐的刺，所以统称为强刺类。本种的直径可达 30 厘米以上，颜色青绿，背面覆白粉。耐寒耐暑。属多花型，花为黄色。

真珠
Ferocactus recurvus

原产地：墨西哥
生长期：冬季
大　小：直径约 20 厘米，高约 25
　　　　厘米

特 征　株茎直径约 20 厘米，形状接
近于圆筒状，高度约 25 厘米。与其他
强刺球属植物相同，颜色为蓝绿色。
图片中这一棵有着红色的尖锐大刺。
花朵直径约 4 厘米，颜色为淡红色。

姬春星
Mammillaria humboldtii var.*caespitosa*

原产地：墨西哥
生长期：春季
大　小：直径 2~4 厘米

特 征　乳突球属的小型植株较多，
作为欣赏用的品种，有很多都是为大
家所熟悉的。本种的单株直径约为 3
厘米，会生出大量呈群生状态的子株。
每一个植株单独看都是被雪白的刺所
覆盖住的。注意保持充足的日照。

残雪之峰

Monvillea spegazziniiforma cristata

原产地：乌拉圭
生长期：春季、秋季
大　小：高约 20 厘米

特　征　小型柱状仙人掌。"残雪"的缀化品种，但是比原种更广为人知。柱茎不规则生长的同时也在分枝，颜色为覆着一层白色的绿色，有若干不规则的棱线。刺不太明显，刺座较小。不是难培育的品种。

翠冠玉

Lophophora diffusa

原产地：墨西哥
生长期：春季至夏季
大　小：直径 8~10 厘米

特　征　颜色为美丽的青绿色，看起来就像小点心。图中这一棵尚属幼苗，各种特征还未得体现，随着生长，会有细筋出现，刺座增加并长出黄色绵毛。直径可以达到10厘米左右。开白色小花。

用 语 解 说

花茎
生长花的茎。莲座状多肉植物到了开花期，花茎会急速增长以使花绽放。花茎不能用作插穗。

寒冷纱
为避免夏季强光、冬季霜冻等损伤植物而粗织的布，罩在花盆或者花台上。可在园艺用品商店购买。

群生
多肉植物中的一些品种，在母株生长的同时会生长出很多子株并聚集在一起，这种状态称为群生。

化妆沙
不是为了培育植物，而是直接撒在土层表面，使其看起来更美观。一般使用亮色的较多。

花器
用来种植植物的容器。不仅指常用的"花盆"，还包括装饰性强的红陶花器、木容器及镀锡铁皮制的容器等。

芽插
繁殖多肉植物的一种方式。把生长出来的茎切下来种植，切取的茎叫作"插穗"。

小芽
部分多肉品种，在叶缘会生出小的植株（子株），也叫胎芽或腋芽。

刺座
仙人掌特有的部分，指刺根部的细绵毛。多肉植物的大戟属等也有强刺，但是刺根部没有刺座，所以它们不算是仙人掌属植物。

遮光
多肉植物虽喜日照，但是在连续高温的酷暑中，反倒会被晒伤。可以盖寒冷纱，也可搬到树荫下或明亮的屋檐下等半阴凉的地方，在一定程度上有遮光的作用。

生长点
在茎或植株的顶点有植物生长的分生组织，即生长点。如果这部分被破坏了，植物的生长就会出现问题。

节间
枝叶生长出来的地方叫节，两个相邻的节之间的部分就叫节间。节间根据植物所处环境的不同长度会产生变化。如果缺乏日照的话，节间距离就会变长。

底土
也就是粗粒土。在花器的底部铺上轻石或大粒的赤玉土，增强排水性能，防止根部腐烂。对于要防止土中积水的多肉植物来说，是必不可少的用土。

球形女仙
肉锥花属和生石花属等品种，若干肉质较厚的叶子聚在一起，形成像石块一样的外形，这些植物被统称为球形女仙。就如仙人掌的别名为观音掌一样，在日本，多肉植物当中，特别是肉质感强的一些品种，被认为比较女性化，称为"女仙"。取此名也是为了区别于观赏型的"花物女仙"，这两种多肉植物肉质感都比较强。

直根系
不是像胡须一样的细根，而是垂直向下生长的单独的粗根。种植时需要较深的盆。

桶铲
移栽植物时往花盆倒入土的时候使用的桶状园艺用品。使用桶铲倒土时不会伤害到植物。

红陶花器
指的是用黏土素烧而成的东西。花市上有很多较大型的设计风格各异的进口红陶花器。

徒长
由于日照不足，茎和叶出现了疯长的状态。一般情况下，供观赏用的植物，包括多肉植物，应该是不要徒长、整体紧凑的状态才好看。

多肉夏型种、冬型种
多肉植物根据季节不同，有生长活跃的时期，以及几乎不生长、呈休眠状态的时期。大体上，我们把在夏季生长的种类叫夏型种，冬季生长的种类叫冬型种。

根腐烂
根系的吸收机能不能正常运作的状态。在此状态下植物可能会整体枯萎。喜干燥的多肉植物如果花盆排水性不好就容易引起根腐烂。

缠根
花盆中根系过多的状态。多肉植物长期在同一个花盆里生长，即使不会毫无生气，但是如果缠根了就会对今后的生长产生障碍，有必要换一个大一点的花盆。

培养土
混合配制好的用土。根据各种植物对土壤的不同需求，专门配制好的用土。购买后可直接使用。

叶插
多肉植物特有的繁殖方法，利用一片叶子进行生根发芽的方法。把叶子放到土上就可以生长，所以也叫"叶播"。

花物女仙
与之前解释过的球形女仙相比，叶和茎的厚度稍薄。和多肉本身的姿态相比，更多的时候是欣赏它们开花后的姿态。

叶灼伤
日照不足的多肉植物，突然被猛烈的日光照射后，叶片受损的状态。日照不足的植物，应该对日照强度进行逐步调整。

学名
动植物根据科学分类而得来的全世界共通的拉丁语名称。在学名以外，还有很多时候会使用英文名字和中文名字等一般名称。所以如果能记住学名，那么在今后购买时会更方便。

播种
利用种子进行发芽繁殖的方法。在园艺植物繁殖时被普遍使用，有一部分仙人掌可以使用此方法，但是对于多肉植物来说就比较困难。

拼盘
在同一个花器内种植较多的植物。多肉植物因为多数植株较小，装饰性强，所以特别适合做拼盘。

莲座状
植物的叶片排列成如莲花一样呈放射状生长的姿态，通常称为莲座状。

SODATETEMITAI! UTSUKUSHII TANIKU SHOKUBUTSU supervised by Sueko Katsuji

Copyright © Just Planning 2007

Original Japanese edition published by Nihonbungeisha, Co., Ltd., Tokyo

This Simplified Chinese language edition published by arrangement with Nihonbungeisha, Co.,Ltd.,

Tokyo in care of Tuttle-Mori Agency, Inc., Tokyo through Shinwon Agency Co.,

Beijing Representative Office

非经书面同意，不得以任何形式任意重制、转载。

备案号：豫著许可备字-2016-A-0210

图书在版编目（CIP）数据

真想种一种！美丽的多肉植物 /（日）胜地末子监修；妙聆妈妈译. —郑州：河南科学技术出版社，2017.9

ISBN 978-7-5349-8859-2

Ⅰ.①真… Ⅱ.①胜… ②妙… Ⅲ.①多浆植物—观赏园艺 Ⅳ.①S682.33

中国版本图书馆CIP数据核字（2017）第166585号

出版发行：河南科学技术出版社

地址：郑州市经五路66号　　邮编：450002

电话：（0371）65737028　　65788613

网址：www.hnstp.cn

策划编辑：李　洁

责任编辑：杨　莉

责任校对：金兰苹

封面设计：张　伟

责任印制：张艳芳

印　　刷：河南新达彩印有限公司

经　　销：全国新华书店

幅面尺寸：182 mm×235 mm　　印张：10　　字数：160千字

版　　次：2017年9月第1版　　2017年9月第1次印刷

定　　价：48.00元

如发现印、装质量问题，影响阅读，请与出版社联系并调换。